올바른 수학 참다운 공부

| 김용찬 |

대구출생으로 경북대학교 문리과대학 수학과를 졸업하고,
동 대학교에서 석사와 박사를 받았다.
1982년 대구교육대학 교수를 거쳐
1985년부터 영남대학교 수학교육과 교수로 재직하고 있다.
사범대학장, 교육대학원장, 학교교육연구소장,
영남대학교 종합평가 추진단장을 지냈으며,
주요 저서로서 교양수학, 미분적분학, 수학교육학이 있다.

올바른 수학
참다운 공부

초판 발행 2007년 2월 10일
개정 초판 2009년 1월 5일

지은이 김용찬
펴낸이 우동기
펴낸곳 영남대학교 출판부
디자인 Gukjead

출판등록 경산 제16-1호
등록일자 1975년 9월 5일
주소 경북 경산시 대동 214-1
전화 053 · 810 · 1801 ~ 3
팩스 053 · 810 · 4722
홈페이지 book.yu.ac.kr

ISBN 978-89-7581-316-0 03410

올바른 수학 참다운 공부

김용찬 지음

열린시선

●머리말●●

사람은 자기 본성대로 살아야 한다. 아무리 좋은 행동도 평소와 다르면 상대가 스트레스를 받는다. 나는 가정에서도 말을 많이 하고 아내와 대화하기를 즐긴다. 아내도 나의 이런 점을 매우 좋아한다. 그런데 내가 이 책을 쓰겠다고 마음먹고 난 뒤부터 아내가 부쩍 신경이 곤두서 있곤 한다. 근래에는 매일 원고를 쓰고 있어서 누구에게 피해도 주지 않고 항상 조용한 시간을 가지는데 아내가 짜증을 내는 이유를 알 수가 없었다. 가족들은 평소 말 수가 많은 사람이 말을 하지 않고 원고에만 전념하기 때문에 숨이 막힐 것 같은 스트레스를 받는다고 한다. 습관대로 살지 않았기 때문이다.

아내는 나에게 수학하는 사람이 수학책은 쓰지 않고 이 책을 쓰는 이유가 무엇인지 물었다. 주위에 있는 사람들도 같은 질문을 하였는데 "크게(大) 어리석게(愚) 살아보고 싶어서"라는 것이 솔직한 나의 답이다.

돌이켜 생각해 보면 내가 지금까지 생활해 온 방식은 아주 이기적인 생활이었다. 쉽게 이야기하면 나에게 꼭 필요한 일 외에는 하지 않았다는 뜻이다. 논문을 많이 쓰면 업적도 쌓고 연구비도 많이 받을 수 있다. 수학책을 쓰면 교재로도 쓸 수 있고 연구업적에도 기재된다. 하지만 이 책은 내 교수 생활과 아무 상관이 없는 것처럼 보인다. 이것도 아내에게는 무언의 스트레스일지 모른다.

나를 아는 사람들은 나를 활동적이고 삶의 힘이 넘치는 사람이라고 이야기 한다. 목소리가 크기 때문에 자신감이 넘치는 것처럼 보이기 때문이다. 그리고 수학을 전공했기 때문에 대화 자체가 논리 정연하며 상대방이 말하고자 하는 내용을 미리 알아차리고 요점 정리를 빨리 하는 편이다. 때에 따라서는 이런 행동 때문에 안하무인이고 아주 건방지다는 비난도 받았고 말을 많이 해서 자기 자랑이 심하고 가볍다는 평도 받았다. 한 가지 분명한 사실은 재미있는 사람으로 인정은 받았는데 무게가 있고 점잖다는 평은 들어본 적이 없는 것이다.

나이가 쉰이 되자 행동거지에 무게를 잡고 싶어진다.

문제는 지금까지 살아온 습관을 바꾸어야 한다는 것이다. 나를 처음 만나는 사람들은 두 가지 면에서 매우 놀란다. 먼저 전공이 무엇이냐고 물을 때 수학이라고 답을 하면 아래위로 한 번 더 쳐다본다. 그리고 조금 있으면 수학하는 사람답지 않게 말을 많이 하는 것에 놀란다.

이원경 교수는 이러한 나에게 호를 '三多'라고 지어 주었다. 말을 많이 해서 '다변', 미소를 많이 지어 '다소', 감정이 풍부하여 '다감'의 뜻을 함축하고 있다.

'다변'에서 알 수 있듯이 말을 많이 하는 나의 습관을 바꾸는 일은 너무나 어렵고 불가능한 것처럼 느껴졌다. 그래서 가장 먼저 가족들이 싫어하는 나의 습관과 행동들을 바꾸기 위해 스스로 반성문을 써보았다. 그 다음에 학생들에게 비친 내 모습과 졸업생들이 느끼고 있는 나의 모습을 알아보았다. 그 후 내가 완벽하다는 착각 속에 살고 있는 것을 알게 되었고 교직자의 관점에서 또 다시 반성문을 적었다. 그러고 나니 "모든 것을 알고 나면 행할 일이 아무 것도 없다"라는 옛 성현의 말씀이 생각났다.

생활 습관을 바꾸어 규칙적으로 생활하고, 말 수를 줄이기 위해 정신을 한 곳에만 집중하고 책을 쓰기로 결심하였다. 수학책을 쓰면 가장 이상적이지만 별 의미가 없을 것 같았다. 전공 서적은 이미 많이 발간되어 있어서 연구와 교육에 아무런 문제가 없기 때문이다. 사범 대학에서 수학을 공부하는 젊은이들이 4년 동안 수식만 공부하여 교사가 되면 수학의 내용은 지도하겠지만 선생님의 역할과 부모의 역할을 다 할 수 있을까? 그리고 올바른 수학공부는 어떻게 하여야 하는가? 이것이 이 책을 쓰게 된 정확한 동기이다.

수학자가 쓴 글이다 보니 부족한 점도 많겠지만 해 보지도 않고 말만하는 것 보다는 해 보고 후회하기로 결심하였다. 학생들이 이 책을 읽고 내가 나이 쉰에 느낀 점을 마흔에 느낄 수만 있다면 이보다 더 큰 보람 있는 일이 없을 것이라는 기대 하나로 용기를 내어 이 책을 펴내었다.

오늘의 크게 어리석은 행동이 훗날 크게 슬기로운 행동으로 빛날 수 있기를 기대하며….

2007. 2. 김 용 찬

목차 _ contents

머리말 004

01 기다림이 수학적 재능을 향상시킨다 012

만절필동 022

02 초등수학에 대한 학부모들의 질문 사례 026

영재교육과 知止의 가르침 031

03 수학은 공부한 시간의 양보다 학습방법이 중요하다 036

04 초등수학에 관한 선진국의 사례 044

Lord 선생의 눈물 050

05 사고력과 집중력 키우기 054

수학으로 베푸는 사랑 060

06 올바른 자녀교육을 위하여 부모가 지켜야 할 10가지 유의사항 066

07 수학학습의 10가지 원칙 080

08 수학이란 무엇인가? 088

수학적 사고와 관점의 전환 097

09 정리와 증명에 관한 이해 102

10 수학의 무기와 전술 110
도전과 응전 그리고 갈등 117

11 수학에서 깨달은 교만과 겸손 120
삶의 교훈 123

12 수학을 지도하는 방법 126
처음부터 다시 시작할 수 있다면 135

13 수학을 공부하는 자세 140
선생님께서 주신 선물 146

14 천재들의 영감 150
뻥 치고 있네 157

15 질문을 많이 하는 학생이 수학을 바르게 이해한다 160

16 수학은 기호로 표현하는 언어이다 166

17 수학에 바친 나의 연구 170
삶을 되돌아 본 안식년 179

○ ○ A ○ ○ ○ ○ ○ 6 ○ ○ ○ ○ ○ ○ ○ α ○ ○ ○ ○ ○ ○ ○ ○ ○ ○ ○ ○ ○ ○ a ○ ○ ○ ○ ○ ○ ○

○ ○

○ ○

○ ○

○ ○

○ ∞ ○ ○ ○ ○ ○ ○ ○ ○ ○ ○ ○ ○ ○ ○ ○ ○ ○ ○

올바른 수학
참다운 공부

01 기다림이 수학적 재능을 향상시킨다

과거에는 글이 귀했던 시절이었기에 지혜로운 사람이 나타나면 '선생' 이라는 호칭을 사용하였다. 대표적인 예가 퇴계 선생과 율곡 선생이다. 이 시절에는 조그마한 가르침도 소중하게 간직하고 실천에 옮기려고 노력하였다. 지식은 암기가 아니라 실천을 통한 깨달음에 있었기 때문이다. 지금은 인터넷의 발달로 글이 흔해졌다. 그 결과 책상 앞에 앉아 있는 사람들은 모두 선생이라는 호칭을 갖고 있고 좋은 가르침도 반복되면서 "소귀에 경 읽기"가 되고 있다. 그러나 자녀교육에 있어서 중요한 것은 많이 아는 것이 아니라 가르침을 실천하는 것이다.

부모들은 자녀들이 수학 공부를 하는 시간이 되면 언제나 마음이 급해진다. 그 이유는 두 가지이다. 첫째, 부모는 알고 있는데 자녀들은 모르기 때문이고 둘째, 자신의 자녀가 친구들에 비해 수학성적이 뒤진다는 불안감 때문이다. 왜 이런 불안감이 생기는 것일까?

가장 큰 원인 중의 하나는 영재교육에 대한 지나친 욕심 때문이다. 내 아이가 영재 테스트에 떨어지고 같이 응시한 친구가 합격되면 내 자식이 바보가 된 기분이 되어 부모의 마음은 불안해진다. 이것으로 인하여 부모들은 자녀들을 사교육으로 몰고 가는 악순환을 거듭하게 된다. 그러면 아이들의 수학적 재능을 키우는 올바른 방법을 살펴보자.

먼저 초등학교에서 수학에 재능이 있는 학생들을 구별하는 가장 쉬운 방법을 소개한다. 초등학교 수학 교과서에는 매 학기마다 교과서 마지막 부분에 "문제 푸는 방법 찾기"의 단원이 있다. 이 단원에 소개되어 있는 문제들은 아이들의 사고력 테스트에 적합한 것들이 많이 있다. 몇 가지 예를 들어보자.

문제 1(4학년 1학기) : 1부터 15까지의 수를 한 번씩 사용하여 원주 위에 14개의 수를 배열하고 원의 중심에 하나의 수를 고정하여 원의 중심으로 부터 양 끝의 수를 잇는 7개의 직선을 만들고 한 직선에 놓인 세 수의 합이 모두 같게 배열하여 보시오.

문제 2(4학년 2학기) : 언니와 동생의 나이를 더하면 18이고, 곱하면 67보다 크고 73보다 작은 수가 됩니다. 언니와 동생의 나이는 각각 얼마입니까?

문제 3(5학년 1학기) : 37명이 2명씩 짝을 지어 가위바위보를 하려고 합니다. 이들이 모두 서로 한 번씩 가위바위보를 하면, 가위바위보는 모두 몇 번 하게 됩니까?

초등학교에서 다루는 이와 같은 유형의 문제들은 높은 수학적 사고력을 필요로 한다. 〈문제 1〉은 수의 규칙을 찾는 문제로서 지능 지수를 테스트하기에 아주 적합한 문제이다. 〈문제 2〉에 대한 올바른 풀이는 중학교 수학의 방정식과 부등식 단원에서 미지수들을 사용하여 다시 공부하게 된다. 〈문제 3〉은 고등학교 교과서의 확률과 통계 단원 중에서 조합을 공부하면 찾고자 하는 경우의 수를 정확히 이해하게 된다. 따라서 이러한 문제들에 대해 풀이를 스스로 찾아내는 초등학생들은 수학에 탁월한 재능이 있다고 판단된다.

그러나 대부분의 초등학생들은 이러한 문제들을 어려워하고 있으며 풀이는 해답에 의존한다. 학생이 어려워한다고 해서 수학 문제를 풀이할 때 답을 보고 풀어 보는 것은 수학적 사고력을 약화시키는 가장 큰 원인이 되므로 조심하여야 한다. 그러면 이러한 문제들을 지도하는 바람직한 방법은 무엇인가?

중요한 것은 학생들이 반복해서 사고할 수 있는 환경을 만들어 주어야 한다. 사고력을 요구하는 문제들은 읽고 바로 답을 할 수 있는 문제가 아니다. 적어도 몇 번은 다시 읽어 보고 충분히 생각해야 풀 수 있다. 초등학교에서 이러한 방법으로 공부하면 직관적 사고에 의하여 정답을 유추해가는 추론능력을 키울 수 있다. 그러나 대부분의 학생들은 이러한 자세를 가지지 않고 즉흥적으로 "모르겠다" 라는 결론을 빨리 내리는 경향이 있다. 이러한 경우, 설명을 하거나 해답을 보게 되면 수학적 사고력은 길러질 수 없다. 그러므로 공부하는 방법과 습관이 중요한 것이다. 다시 말하면 무엇을 공부하느냐 보다 어떻게 공부하느냐가 더 중요하다.

전반적으로 수학에 대한 초등학생들의 인지 능력은 불

완전한 상태이다. 영민한 어린이는 문제의 핵심을 빨리 알아내는 반면에 지적 발육이 늦은 어린이는 문제의 뜻도 이해하지 못하는 경우가 많다. 따라서 자녀들의 수학적 재능에 대한 판단은 중학교까지 기다려야 한다. 부모가 성급하게 자녀들을 판단하고 무리하게 교육하면 오히려 과욕이 화를 자초하게 된다. 이러한 관점에서 생각하면 기다림은 초등학생들의 수학적 재능을 키우는 방법에서 매우 중요한 역할을 한다.

수학 문제를 빨리 이해하고 풀어가는 속도가 빠른 어린이는 흥미를 잃지 않는 범위 내에서 사고력을 키울 수 있는 도전적인 문제를 많이 풀도록 해야 한다. 특히 "문제 풀이 방법 찾기" 단원은 교과서 마지막 부분에 있으므로 학생들이 소홀하기 쉽다. 만약에 이 단원을 교과서 처음에 소개하면 많은 학생들이 수학을 배우기도 전에 어려움을 느끼고 포기하게 된다. 따라서 수학에 재능이 있는 학생들에게는 이 단원을 스스로 풀어볼 수 있는 충분한 시간을 주어서 창의적인 문제풀이 능력을 집중적으로 훈련시키는 것이 바람직하다.

이와는 반대로 사고력이 성숙하지 못한 어린이는 논리

적 사고력을 필요로 하는 어려운 문제들은 피하여야 한다. 그리고 계산력 중심의 문제를 많이 풀게 함으로써 사고력이 완전히 성숙해질 때 까지 기다리는 자세가 필요하다. 수학의 경우 난이도가 높은 어려운 문제를 일찍부터 훈련시켜야 될 아무런 이유가 없다. 긴 안목을 갖고 생각해 보면 마지막에 수학을 잘 하는 학생이 진정한 승자가 될 수 있는 것이다. 만약 부모의 조급한 마음 때문에 학원이나 과외에 의존하면 수학을 싫어하게 되고 풀이 방법을 외우게 되는데, 이는 가장 나쁜 공부 습관이다. 어린 시절에 수학을 암기하는 나쁜 습관이 몸에 베이게 되면 풀이방법을 기억에 의존하게 되므로 중 · 고등학생이 되어서도 창의적 사고력에 문제를 일으키게 된다.

예를 들어 보면 초등학교(5-가 익힘), 중학교, 고등학교 교과서들의 약수와 배수 단원에는 다음 사실이 공통적으로 소개되어 있다.

"어떤 수의 각 자리의 숫자를 더하여 3의 배수가 되면 어떤 수는 3의 배수이고 각 자리의 숫자의 합이 9의 배수이면 어떤 수는 9의 배수이다."

먼저 354를 갖고 이 사실이 성립하는 원리를 생각하여 보자.

$$
\begin{aligned}
354 &= 3\times100+5\times10+4 \\
&= 3\times(99+1)+5\times(9+1)+4 \\
&= (3\times99+5\times9)+(3+5+4)
\end{aligned}
$$

따라서 3의 배수와 9의 배수를 확인하는 방법은 각 자리의 숫자의 합인 3+5+4만 조사하면 된다. 이러한 공식은 초등학교에서는 증명 없이 제시하고 있고 중학교에서는 원리를 설명하고 있으며 고등학교에서는 숫자 대신에 일반적인 문자를 사용하여 증명하고 있다. 이것은 동일한 문제를 증명하는 경우에 사고력의 성장과정을 고려한 좋은 예이다.

어린이들의 육체적 · 지적 발육상태는 개인에 따라 천차만별이다. 만약 어린이의 사고 능력이 성숙되어 있지 않으면 위의 문제는 나눗셈을 사용하면 쉽게 알 수 있다. 그러나 이것은 계산력 위주의 문제풀이 방식이다. 사고력이 발달되어 있는 조숙한 어린이는 이러한 계산 법칙을 논리적 사고로 소화시킨다. 이와 같이 어린이들의 수학적 사고력은 연령에 따라 많은 차이를 보이기도 하지만 중학생이 되면 이러한 원리는 누구나 쉽게 이해한다. 따라서 수학의 법칙이나 규칙을 설명하는 방법으로 중학교에서는 논리적 사고력을 필요로 하는 연역적인 방법을 사용하는 반면에, 초등수학에서는 직관에 의존하는 방법을 주로 사용하고 있다. 이것은 수학적 재능을 향상시키기 위하여 기다림이 필요한 또 다른 이유이다. 다시 말하면 초등수학에서 성급하게 연역적인 증명방법을 학습할 필요가 없는 것이다.

기다리는 과정에서 공부하는 가장 좋은 방법은 교과서를 중심으로 반복하여 학습하는 것이다. 교과서는 학생들의 발육상태와 인지능력을 고려하여 다양한 방법으로 학습내용을 설명하기 때문이다. 따라서 자녀들이 수학에 대하여 모르는 것이 있으면 정답을 찾아가는 추론능력을 기르기 위하여 반드시 교과서에서 스스로 답을 찾는 습관을 가져야 한다. 만약 해답이나 참고서에 의존하면 정답을 구하는 계산기법을 익히게 되므로 수학을 더욱 어렵게 만든다.

수학적 사고력에 대한 어린이들의 인지 능력은 발육에 따른 시간적 차이는 있지만, 특별한 경우를 제외하고 큰 차이를 보이지 않는다. 그러나 부모들은 어릴 때 공부를 잘하는 어린이들이 커서도 잘 한다고 믿고 있다. 이러한 판단 때문에 부모들은 자녀들의 수학적 재능이 향상될 때까지 기다리지 못하고 자녀들에게 일찍부터 어려운 문제들을 훈련시키게 되어, 결국 수학과 멀어지게 만든다. 따라서 자녀들이 어릴수록 오랜 시간을 지켜보아야 하며 수학적 재능에 대한 부모의 판단은 늦을수록 자녀를 위하는 길이 된다.

수학사에 나오는 인물들을 살펴보면 노르웨이의 천재 수학자 아벨은 만 14세까지는 뚜렷한 재능을 보여주지 못하였으나, 16세부터는 뉴턴과 오일러의 논문을 읽고 완전히 자기 것으로 소화하였다. 이것은 수학적 재능을 키우기 위해서는 기다림의 지혜가 필요하다는 것을 보여주고 있다. 이와는 반대로 아일랜드가 낳은 천재 해밀턴은 만 3세부터 천재성을 느낄 수 있는 징후가 나타났었다. 이와 같이 천재들의 경우도 자신이 갖고 있는 재능을 발휘하는 데 걸리는 시간은 개인차가 매우 크다. 부모들은 어린 아이가 탁월한 암기력을 보여 줄 때 천재로 간주하는 경향이 있다. 이것은 잘못된 생각이다. 천재의 재능은 암기력이 아닌 사고력이며 후천적으로 길러지는 것이 아니고 선천적으로 부여 되는 것이다. 따라서 천부적인 재능이 없는 자녀들을 천재로 키우는 것은 불가능한 일이다. 그러나 수재로 키우는 것은 가능하며 그러기 위해서는 자녀들의 사고력이 성숙할 때까지 기다려야 한다.

학부모들과 이야기를 나누어 보면 이러한 내용은 여러 차례 들어서 잘 알고 있지만 실제로 내 자식이 다른 아이들보다 학습이 뒤처지게 되면 기다리는 여유를 갖지 못하게 된다고 한다. 즉, 실제 상황은 이론과 다르다는 것이다.

초등수학의 학습내용들은 단계별로 난이도를 높이면서 중학교와 고등학교에서 반복하여 설명하는 특징을 가지고 있다. 만약에 위에서 제시한 〈문제 3〉의 경우에 초등학생이 고등학교에서 배우는 수학공식을 적용하여 풀이하게 되면 수학적 재능이 퇴보하게 된다. 수학적 재능은 학습단계를 충실하게 따라갈 때 향상되는 것이다.

수학공부에서 가장 중요한 것은 먼저 생각하는 시간을 많이 갖도록 하는 학습 습관을 길러주어야 한다는 것이다. 그리고 풀이 방법을 교과서에서 스스로 찾아내는 학습방법을 심어주어야 한다. 만약에 초등수학에서 학습하는 내용 중 어려운 부분이 있으면 중학교 혹은 고등학교 과정에서 체계적으로 다시 학습하게 되므로 조급한 마음을 가지지 말고 기다리는 공부를 하여야 한다. 과도한 선행학습은 수학의 학습단계를 역으로 밟아가게 되므로 수학적 재능을 감소시킬 수 있다.

만절필동(萬折必東)

만절필동(萬折必東)은 거대한 수량을 가진 중국의 황하강이 만 번 굽이지고 꺾어지지만 끝은 반드시 동쪽을 향한다는 뜻이다. 우리 인간은 본인의 노력에 의해서 인생의 길이 조금씩 우회할 수는 있지만 하느님께서 정해 주신 큰 길은 바뀌지 않는다는 뜻으로 범어교회 장영일 목사님이 설교한 바 있다. 나는 자식을 키우고 교육하면서 어려운 순간마다 천재 수학자 아벨의 일생과 만절필동의 의미를 깊게 생각하곤 한다.

노르웨이의 천재 수학자 아벨은 27세의 젊은 나이로 세상을 떠났다. 그는 평생을 가난과 질병에 시달리면서도, 5차 이상의 방정식에서는 2차나 3차와 같이 방정식의 해를 구하는 일반적인 대수적 공식이 존재하지 않는다는 것을 증명하였다. 그의 연구는 후세의 수학자들이 읽기 어려울 정도로 매우 난해하다. 그런데 그가 죽은 지 이틀 뒤에 유럽 최고의 명문 대학인 독일의 베를린대학으로부터 교수로 초빙한다는 편지가 도착하였다. 이렇게 불행한 최후를 맞이한 아벨은 생전에 국가로부터 인정받지 못하였으나, 이제 그는 조국의 우표에까지 등장하게 되었다. 아벨의 안타까운 죽음이 그의 업적을 보다 빛나게 하였으며 이것이 하느님께서 정해주신 큰 길이었던 게 아닐까?

모든 부모들은 자식에 대한 기대가 크고, 큰 뜻을 품고 촌음을 아껴가며 공부에 전념하는 모습을 보기를 희망한다. 공부에 전념하는 학생들은 항상 해야 할 공부가 많기 때문에 잡념이 없다. 그러나 공부를 멀리하는 학생들은 시간은 많으나 할 일이 없으므로 오락이나 이성의 유혹에 쉽게 빠져 든다. 이러한 경우에 부모가 할 수 있는 일은 자녀들이 스스로 정신 차리고 다시 학업에 전념할 때까지 기다리는 일 외에는 없다. 그렇게 하면 시간의 차이는 있지만 느끼고 나면 반드시 돌아오게 마련이다.

수학 공부도 마찬가지이다. 자녀들이 성장하면서 수학이 장래 진로에 미치는 영향력은 대단하다. 이러한 이유로 대부분의 부모들은 어릴 때부터 수학 공부를 많이 시킨다. 그러나 억지로 시키는 공부는 그 순간은 효과를 보지만 끝내 실패한다. 자녀들의 교육문제는 계산의 원리로 풀 수 있는 것이 아니기 때문에 우리의 두뇌로 예측할 수 없는 축복이 자녀들을 기다리고 있다는 것을 믿고 기다려야 한다. 이러한 기다림의 지혜를 만절필동의 교훈을 통해서 얻을 수 있다.

우리의 삶은 항상 행복할 수는 없다. 때로는 신을 저주하고 하느님을 원망하는 시간을 가질 때도 있다. 아벨의 삶은 생전에는 불행하였지만 사후에 축복을 받았다. 나는 아이들에게 '목적이 이끄는 삶'과 '기다리고 있는 축복'에 대하여 설명하고 싶지만 목적이 아니라 목표 자체가 불확실하다는 사실을 알게 되었다. 부모로서 무언가 자식을 위하여 해야 할 일 가운데 가장 중요한 것은 대화를 통해 소통할 수 있는 관계를 맺는 것이다.

나는 이런 순간에 내 자신의 욕심을 버리고 혼신의 힘을 다해 기도한다. '난 사람'이 아닌 '된 사람'이 되게 하시고 '솔

로몬 왕의 지혜'를 가질 수 있도록 간절히 기도한다. 이것이 자녀들에게 주는 하느님의 축복과 은혜이며 기다림에 대한 만절필동의 뜻이 되기를 소망한다.

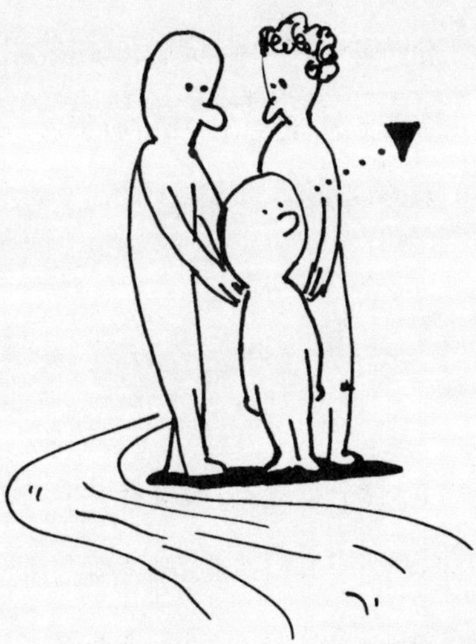

02 초등수학에 대한 학부모들의 질문 사례

대한수학회는 수학의 대중화를 위한 캠페인의 일환으로 "초등수학 학부모 설명회"를 2005년 11월에 개최하였다. 나는 이 행사의 연사로 초청되었고 안동, 포항 그리고 부산에서 강연을 하였다. 매번 500명 이상의 학부모들이 모였고 학부모들의 관심도 대단하였다. 강연에서 받은 질문과 답변 가운데 공통된 몇 가지 내용을 소개하고자 한다.

01_초등수학을 주판의 원리를 사용하여 가르치는 것은 바람직한가?

초등학교에서 학습하는 계산법은 십진법의 받아 올림과 받아 내림을 사용하므로 기본적으로 주판의 원리와 같다. 그러나 아주 우수한 학생이 아니면 이 원리를 비교하기가 어렵다. 뺄셈의 경우에 연속적인 받아 내림이 생기면 주판으로 배우는 학습이 더 혼란스러울 수 있다. 왜냐하면 받아 내리고 난 후의 결과만 보이지 처음에 주어진 문제가 보이지 않기 때문이다. 계산의 원리는 항상 계산 과정을 비교하면서 규칙을 공부하여야 한다.

02_유아 시절에 가르쳐야 하는 수학은 무엇인가?

유아 시절에는 다양한 수학적 게임을 많이 하는 것이 바람직하다. 가장 많이 하는 것은 주사위 놀이와 카드 게임이다. 예를 들면 두 수의 합이 10이 되는 경우를 알아보기 위하여 주사위를 두 번 던지거나 두 장의 카드를 뽑아보면 여러 가지 경우의 수를 접하게 된다. 이러한 경험은 학교에 입학하고 나서 처음 접하는 덧셈과 뺄셈에 대한 연산의 원리와 개념을 익히는 데 많은 도움을 준다.

03_수학 내용을 비디오테이프로 제작한 학습 도구를 갖고 공부하는 것은 바람직한 방법인가?

이것은 절대 하지 말아야 한다. 수학을 비디오테이프로 학습하면 먼저 텔레비전 화면을 보아야 하고 공부하는 내용은 화면을 따라 가야한다. 이러한 방식은 계산 과정에서 암산을 많이 하게 되고 풀이의 정확도를 떨어뜨리게 된다. 또한 텔레비전 화면을 많이 보게 되면 집중력을 상실하게 된다. 수학 공부는 반드시 머리를 아래로 숙이고 책과 연습장을 사용하여 풀고자 하는 문제에 집중하여야 한다.

04_다양한 교구를 사용하는 수학공부는 바람직하지만, 이 경우에도 사고가 우선되어야 한다.

수학은 조작하는 경험을 통하여 학습해야 한다. 특히 무게나 길이의 단위에 대한 문제와 도형에 관한 개념은 다양한 교구를 필요로 한다. 평면도형에서 사각형의 경우, 색종이를 접고 오리면서 다양한 형태의 사각형을 만들어 봄으로써 사각형들의 성질도 쉽게 알 수 있다. 그러나 학년이 올라가면 입체도형을 배우게 된다. 입체도형은 내부의 구조를 함께 보아야 하므로 색종이를 갖고 공부하는 것은 크게 도움이 되지 않는다. 이것은 조노돔이나 지오픽스와 같은 교구를 사용하면 재미있게 학습할 수 있다. 주의할 점은 먼저 사고하고 난 후에 의문이 생기는 내용을 확인하기 위하여 교구를 조작하여야 한다는 것이다.

최근에는 대학과 교육청을 중심으로 영재 반을 모집하여 별도의 공부를 시키고 있다. 이에 따라 영재학교의 입학을 위한 학원이 많이 생기고 있다. 또한 학부모들의 생각도 이러한 유형의 학원에서 교육받지 않으면 영재학교에 입학할 수 없다는 생각이 지배적이다. 영재교육의 본래 취지는 학생의 창의적 사고를 길러 주는 데 있는 것이다. 따라서 영재학교 입학을 위하여 학원에서 훈련을 받으면 두 가지 관점에서 문제가 일어난다.

첫째, 난이도가 높은 문제를 주로 다루므로 수학에 대한 자신감을 잃고 수학을 어렵게 생각하게 된다. 초등학생들은 무엇보다도 수학을 재미있는 과목으로 학습하여야 하고 자신감을 주는 것이 중요하다. 학생들이 난이도가 높은 문제를 많이 풀면 상대적으로 쉬운 문제는 풀기 싫어진다. 그러면 어려운 문제는 풀리지 않고 쉬운 문제는 풀기 싫게 되는 상황으로 몰리게 되고 학생들은 이로 인하여 심한 스트레스를 받게 된다. 결국 수학을 멀리하게 되기 쉽기 때문에 조심하여야 한다.

둘째, 학원에서 제공하는 문제들은 풀이 방법을 암기하지 않으면 풀지 못하는 유형의 문제들이 많기 때문에 고학년에 나오는 공식이나 방법론을 많이 사용한다. 따라서 문제의 풀이 방법에 대한 올바른 이해도 없이 고학년에서 사용하는 방법을 이용하면 맹목적인 암기 형태의 교육이 되고 이는 사고력을 감퇴시킨다. 이것은 영재 반에 합격하고 나서도 문제가 되며 결국은 영재 프로그램의 효과를 볼 수 없게 된다. 프로그램 면에서도 지금 대학이나 교육청에서 실시하고 있는 영재교육은 창의적 사고의 개발보다는 선행 학습을 통한 심화학습이라고 하는 것이 적절할 것이다.

영재교육과 知止의 가르침

다른 엄마들과 마찬가지로 아내는 막내의 교육에 대한 욕심이 대단하다. 맏이는 처음 아이를 키우기 때문에 욕심이 나고 막내는 마지막이기 때문에 더 욕심이 나는 모양이다. 하루는 항상 명랑하던 아내가 아주 심각하게 두 가지를 이야기한다.

아버지가 수학을 전공하는 교수인데 수학 영재 프로그램에 대한 내용은 물론이고 테스트도 받지 못하게 하는 것과 다른 학부모들을 만나면 많게는 2년~3년 정도 빠르게 조기교육을 시키고 있는데 우리 아이는 한 학기 이상의 내용은 절대 앞질러 가르치지 않는 점에 대해 불만이었다. 그동안 여러 번 아내에게 그 이유를 설명하였기 때문에 아내는 내 생각에 대하여 충분히 이해를 하고 있었다. 하지만 다른 학부모들을 만나고 오면 우리 아이가 바보가 된 느낌을 받아 속이 상한다고 투덜거린다.

수학 영재교실에 대한 문제는 먼저 영재교육이 탐이 나는지 아니면 영재교실에 합격했다는 타이틀에 욕심이 생기는지 자신에게 솔직히 물어 보아야 한다. 그리고 두 번째의 경우는 조기교육이 아니고 속진학습이라고 해야 하며, 내가 시키는 교육은 선행학습에 해당된다. 조기교육은 아주 재능이 탁월한 소수의 영재들에게 시키는 교육인데 초등학교에서의 영재 판정은 너무 어리기 때문에 해서는 안 된다고 설명하였다.

몇 번 반복하여 같은 설명을 했지만 아내는 이성적으로는 이해되나 마음으로는 동조되지 않는 모양이었다. 물론 나도 아내의 심정은 충분히 이해한다. 학생들이 교생 실습을 갔다 오면 중학교 1학년들이 수업은 듣지 않고 수업시간에 고등학교 1학년 참고서를 공부한다고 얘기하였다. 이것은 아이들이 "브레이크 없는 벤즈 차"를 운전하는 것보다 더 위험한 일이다.

초등학생의 경우, 내가 교육하는 방법을 소개한다. 초등학생은 발육이 진행 중에 있으므로 새로운 수학적 사실이나 개념을 받아들이는 능력이 어른에 비하여 현저히 늦다. 초등수학은 3학년까지는 쉽게 공부한다. 그러나 4학년부터 수학이 어려워진다. 그 이유는 4학년에는 백만 이상의 숫자에 대한 자리 수의 개념이 형성되어야 하고 5학년에는 약수, 배수를 통한 최대공약수, 최소공배수에 대한 개념과 구하는 방법을 공부하고 이를 활용하여 분수의 계산에서 기약분수와 통분하는 원리를 깨우쳐야 한다. 이러한 원리를 설명하기 위하여 교과서에는 다양한 예를 들어 설명하고 있다. 하지만 학생들이 스스로 깨닫기 위해서는 충분한 시간을 주어야 한다. 이것은 학기가 시작하고 학교수업이 진행되면 매일 충분한 시간을 갖고 사고하는 것은 힘들어진다. 따라서 나의 경우는 초등학교 4학년 부터 방학기간 동안 교과서를 갖고 예습하도록 하고 있다.

일부 부모들은 교과서는 학교에서 배우므로 참고서를 갖고 학습시키는 경우가 있는데 이것은 잘못된 방법이다. 참고서는 문제 중심이므로 개념이나 원리를 이해하고 나서 풀어야 한다. 따라서 학기가 시작하기 직전의 방학기간을 이용하여 수학교과서와 수학 익힘 교과서를 충분히 학습시킨다. 학기가 시작하면 교과서는 학교에서 반복 학습하게 된다. 그리고 숙제나 과제물을 통하여 복습하면 자연스럽게 교과서는 3번 공부한 것이다.

이렇게 학습하면 특수한 경우를 제외하고는 학생들이 수학의 원리나 개념을 이해하게 된다. 그 다음에는 학생 수준에 맞는 참고서를 선택하면 수학을 쉬운 과목으로 여기고 흥미를 갖고 재미있게 공부할 수 있다.

주의할 점은 한 학기 이상의 선행학습은 학생에게 도움이 되지 않고 개념 형성에 혼란을 주는 것이다. 한 학기를 일찍 학습하는 것은 예습하는 것이므로 정규 수업을 통하여 정확한 원리를 다시 이해하게 된다. 만약에 한 학기 이상 선행학습을 하면 학생들은 계산 기법을 원리나 개념에 대한 확실한 이해 없이 무조건적으로 받아들이므로 수학을 어렵게 생각하고 풀이 방법을 암기하게 되므로 매우 위험하다.

일반적으로 초등학생들의 집중력은 1시간 이상 지속되지 않는다. 따라서 성급하게 영재교육을 위한 특별학습을 시키면 탁월한 재능을 가진 학생을 제외하고는 어려움에 호소하는 스트레스를 갖게 되고 수학에 흥미를 잃게 된다. 우리 집 딸애의 경우는 2월생이고 학교를 일찍 입학하였기 때문인지 이해하는 속도가 느리다. 이러한 경우는 사고가 성숙할 때까지 기다려야 한다. 이것이 내가 영재교육을 권하지 않는 이유이다.

수학 공부에 대하여 내가 교육하는 방법이 항상 옳은 것은 아니지만 잘못된 방법은 지적할 수 있다. 출근길에 스쿨버스에서 다정한 말벗인 이 교수에게 "우리나라 수학 교육은 가정에서 엄마들이 모두 망치고 있다"고 이야기하자 이 교수는 나에게 '알 지(知)' 그리고 '멈출 지(止)'를 사용하여 知止의 깨우침을 주었다. 이것은 자기 아내가 매사에 너무 멀리 앞서가는 경향이 있고, 그로 말미암아 생길 수 있는 잘못을 하지 않도록 예방하려는 의도에서 생각한, 이 교수만이 갖고 있는 철학이다.

"알고 나면 끝없이 욕심내지 말고 멈추는 방법과 시기를 신중하게 판단해야 한다."

그날 저녁에 우리 부부는 이 知止의 가르침을 다시 생각하고 가슴에 고이 간직하였다.

03 수학은 공부한 시간의 양보다 학습방법이 중요하다

자녀들이 공부하는 유형을 살펴보면 과거에 비해 사교육에 의존하는 속도가 빠르게 늘고 있다. 수학의 경우 과거에는 고등학교부터 학원이나 개인과외 등 사교육을 병행하는 가정은 있었지만 초등학교에서부터 사교육을 시키는 가정은 없었다. 그러나 지금은 초등학교부터 사교육에 의존하고 있는 가정을 많이 볼 수 있다. 그 이유는 무엇일까?

첫 번째 이유로써 사교육은 고등수학보다 초등수학에서 효과를 빨리 나타낼 수 있기 때문이다. 일반적으로, 고등수학은 많은 내용의 선수학습(이전에 배운 내용)과 증명에 요구되는 연역적 사고를 위한 높은 사고력을 요구한다. 반면에 초등수학은 단순한 계산능력과 직관적 사고를 필요로 한다. 따라서 초등수학의 경우에는 많이 반복하여 공부한 학생이 좋은 성적을 받을 수 있는 특징을 갖고 있다.

두 번째 이유는 경제적 여유와 부모들의 경쟁 심리를 들 수 있다. 대부분의 가정들이 과거보다 경제적으로 여유가 많이 있기 때문에, 자녀교육에 대한 관심도 상대적으로 매우 높다. 또한 부모들은 어린 시절부터 성적이 좋은 학생이 마지막까지 좋은 성적을 유지할 수 있다고 믿고 있다. 따라서 자녀들이 초등학교부터 좋은 성적을 받을 수 있도록 다른 부모보다 많거나 비슷한 정도의 사교육을 시켜야 한다고 생각한다.

세 번째는 부모 자신을 위하여 자녀에게 사교육을 시키는 경우가 많다. 자녀들이 노는 것보다 학원에 가면 그 시간만큼 공부를 많이 한다고 생각하므로 자녀들의 휴식 시간이 길어질수록 마음이 불안해진다. 자녀들이 하루 종일 공부만 할 수 없다는 것도 알고 있지만, 쉬는 시간 대신에 학원에 보내면 부모들의 마음이 편안하기 때문이다. 그리고 자녀들의 학년이 올라 갈수록 부모들이 자녀를 가르치는 것은 어려워진다. 이러한 경우, 부모들은 더욱 사교육에 의존하여 자녀를 교육한다.

그러면 이와 같은 이유들에 대한 문제점은 무엇일까?

첫 번째 이유에 대한 문제점을 살펴보자. 학생들이 초등학교 시절부터 학원을 가게 되면 분명히 초등학교에서는 효과를 본다. 그러나 고등학교에 진학하면 수학 문제에 대한 가정은 사용하지 않고 학원에서 풀이한 유사한 문제에 대한 풀이 방법을 모방하여 풀이하는 습관을 가지게 된다. 백지에 그림을 그릴 때 한 번 그리고 난 후에 지우고 다시 그리면 그 그림은 처음에 지운 그림의 흔적을 따라 가는 이치와 같은 원리이다.

수학 공부를 잘하기 위해서는 어릴 적부터 창의력을 길러주어야 한다는 사실은 모두가 알고 있다.

그러면 어떻게 학습하여야 창의력을 키울 수 있을까? 창의적 사고는 본인이 갖고 있는 모든 지식을 동원하여 문제를 해결하려고 노력하는 과정에서 길러진다. 그러나 만약 풀이 방법을 보고 나서 문제를 풀게 되면 모방에 의한 연상 작용으로 풀이를 하게 되므로 창의력이 소멸될 뿐만 아니라 잘못된 논리력을 키우게 된다. 수학 공부에서 상상력은 금물이다. 왜냐하면 수학의 내용들은 정의를 제외하고는 반드시 증명을 요구하기 때문이다.

이해를 돕기 위하여 내가 경험한 사례를 소개한다. 우리대학 교직원의 한 자녀는 모든 과목에서 성적이 상위권이었다. 하지만 수학은 다른 과목에 비해 2배의 시간을 공부하는데도 불구하고 매 번 성적이 나쁘게 나오는데 그 원인을 몰라서 나를 찾아왔다. 학생에게 약간의 문제를 제시하고 풀게 해 보았더니, 풀이 방법이 너무나 의외였다. 학생은 주어진 문제와 상관이 없는 이상한 방법으로 풀이를 하고 있었다. 학생에게 어떻게 생각하여 이러한 풀이를 하였는지 물어보니 학생은 문제를 보고 생각한 것이 아니라 학원에서 배운 유사한 문제를 생각하고 그 문제의 풀이 방법을 사용하였다고 대답했다.

나는 부모에게 지금부터 학원을 중단하고 반드시 교과서를 먼저 풀어보고 난 뒤에, 해답지는 보여주지 말고 혼자 힘으로 풀게 하였으며 도저히 풀지 못하는 문제는 넘어가도록 하였다.

교과서를 먼저 풀어보게 한 것은 수학 공부에서 요구되는 개념과 원리를 이해하여야 수학을 올바르게 공부할 수 있기 때문이다. 일반적으로 참고서는 문제 풀이 위주이므로 공식을 사용하는 문제가 많이 수록되어 있다. 따라서 참고서를 중심으로 공부하면 수학능력시험에서 공식의 유도 과정이나 개념을 묻는 문제에서 틀리기 쉽다.

또한, 풀지 못하는 문제의 경우, 해답을 보지 않고 넘어가게 한 이유는 학생이 아직까지 그 문제를 해결 할 수 있는 수준에 도달하지 못했기 때문이다. 만약 해답을 보고 이해했다고 하더라도 그 문제와 유사한 수준의 문제를 다시 접하면 그 학생은 스스로 풀이 방법을 찾을 수 없다. 이와 같이 난이도가 높은 유형의 문제는 오랫동안 사고하는 습관과 집중력을 길러주어야 하므로 시간을 갖고 실력을 키워 가면 자연스럽게 풀 수 있게 된다.

한 달 후에 그 부모가 다시 찾아왔다. 수학 공부의 진도가 나아가지 않을 뿐만 아니라 문제를 대하면 어떻게 풀어야 하는지 모르겠으며 가슴이 답답하여 운다는 것이다. 수학을 바르게 공부하는 사람은 누구나 이러한 시기를 경험한다. 이 고비를 극복하는 사람은 자신도 모르는 사이에 수학이 한 단계 높은 수준에 도달하였음을 느끼게 된다. 그리고 이러한 고비는 수학을 공부하는 동안에 한 번만 나타나는 것이 아니라 수준이 높아질 때 마다 나타나기 때문에 사람들이 수학을 어려워하는 것임을 충분히 설명하였다. 그 결과 그 학생은 서강대학교 경영학과를 목표로 공부하였는데 연세대학교 경영학과에 무난히 입학하였다.

두 번째 이유에 대한 문제점은 학생들이 중학교까지는 수학을 잘 따라가다가 고등학교에 진학하면 어려워하는 이유를 살펴보면 알 수 있다. 수학 과목은 고학년이 될수록 여러 가지 방법으로 문제를 풀이할 수 있는 특징을 갖고 있다. 따라서 어린 시절에는 다양한 사고를 하는 경험을 쌓아야 한다. 엉뚱한 질문도 생각해 보고 틀린 풀이에서 오류 유형을 발견하면서 수학적 사고는 성숙해진다. 초등학교부터 너무 성적에 집착하면 주입식 교육이 되어 사고의 다양성을 잃게 된다. 이것은 초등학교에서는 큰 문제가 되지 않지만 성장하면서 수학 공부에 흥미를 잃게 되는 원인이 된다. 어린이들이 운동장을 마음껏 뛰어 노는 것과 같이 어릴수록 자유분방하게 사고 할 수 있도록 하여야 한다. 따라서 어린 시절부터 사교육에 의존하여 주입식 교육을 받은 학생들은 다양한 풀이 방법을 사고 할 수 없다.

일본의 도쿄(Tokyo)대학과 교토(Kyoto)대학을 예로 들어 보자. 우리나라에서는 도쿄대학은 동경대학으로 잘 알려져 있고 교토대학은 경도대학으로 불리어진다. 일본에서 인문 혹은 사회계열의 최고의 대학은 도쿄대학이고 자연계열의 최고의 대학은 교토대학이다. 특히, 수학의 경우 수학의 노벨상으로 불리는 '필드상' 수상자를 교토대학은 2명을 배출하였지만 도쿄대학은 한 명도 수상자를 배출하지 못하였다. 그 이유는 대학원의 수업 방법을 비교하면 쉽게 이해 할 수 있다.

도쿄대학의 대학원 강의 방법은 우리나라와 같이 교수가 주어진 시간에 열심히 강의하고 강의한 내용을 바탕으로 시험을 치고 그 결과에 따라 성적이 부과된다. 그러나 교토대학은 교수가 교재를 선택하여 주면 학생 스스로 독학하여 그 책을 완전히 이해하여야 한다. 단, 도저히 이해되지 않는 부분은 교수에게 개인적으로 질문할 수 있다. 교수는 질문의 내용과 학생의 이해 정도를 테스트하여 보고 성적을 부여한다. 다시 말하면, 도쿄대학은 대중을 위한 강의 방법이고 교토대학은 소수의 영재를 위한 강의 방법이다. 물론 학문의 성격에 따라 강의 방법들은 장점과 단점을 갖고 있지만 결과적으로 수학을 좋아하는 학생들은 교토대학의 강의 방법이 효율적임을 입증하고 있다.

세 번째 이유에 대한 문제점을 살펴보면 먼저 수학 공부에 있어서 집중력을 키우는 방법으로, 학생들이 충분한 휴식시간을 가져야 한다는 사실을 이해하여야 한다. 우리 주변의 어떤 학생은 평소에 수학 공부를 많이 하지 않는데도 불구하고 좋은 성적을 받고 그 반대로 어떤 학생은 아주 열심히 공부하지만 성적이 좋지 않은 경우를 종종 보게 된다. 이러한 경우 부모들은 수학적 머리로 설명하곤 한다. 그러나 수학 공부는 선천적으로 아주 탁월한 소수의 학생을 제외하고는 머리에 크게 영향을 받지 않는다. 문제는 공부하는 습관이다.

초등수학에서 다루는 수학 내용과 문제들은 사고하는 시간의 차이는 있지만 반드시 학생들 스스로 풀이 할 수 있다. 만약에 자녀들이 어려워하면 부모와 같이 사고하는 시간을 갖는 것이 좋다. 주의할 점은 자녀가 답을 찾기 전에 부모가 설명하는 것은 금해야 한다. 부모가 먼저 설명을 하게 되면 유사한 문제를 다시 접하게 되는 경우에 자녀들이 풀이하지 못하는 것을 알게 될 것이다. 따라서 자녀를 가르치려고 노력하지 말고 자녀가 올바른 풀이를 찾을 때까지 기다려야 하는 사실을 명심하여야 한다.

04 초등수학에 관한 선진국의 사례

지금은 세계화 시대이므로 주변에 부모와 함께 선진국에 가서 공부를 하고 돌아온 초등학생들이 많이 있다. 특히 미국이나 캐나다에서 공부한 학생들은 우리나라의 초등수학이 선진국에 비해 현저히 높은 수준이라는 사실을 잘 알고 있을 것이다. 왜냐하면 덧셈과 뺄셈의 경우 선진국에서 십 단위까지 계산하면 우리나라 초등학생들은 같은 학년에서 이미 백 단위 이상의 문제들을 훈련받았기 때문이다.

그 결과 외국에 거주하는 한국 부모들은 자녀들이 수학에 대하여 영재의 소질이 있다고 생각하지만 귀국하면 상황은 달라진다. 수학 때문에 자녀들이 학교에서 바보가 되고 부모는 스트레스를 받는다. 과연 우리나라 수학교육 수준이 선진국을 바보로 만들 만큼 탁월하게 높은 것일까?

이것은 초등학교 수준에서는 가능하다. 그러나 선진국에서는 절대 선행학습을 하지 않는다. 그러면 선행학습을 하지 않는 이유는 무엇이며 학교에서는 무엇을 가르치고 있는지 미주 지역을 중심으로 살펴보자.

미국이나 캐나다의 경우 초등학교에서는 게임을 중심으로 수학을 공부한다. 카드, 주사위, 계산기, 시계 등과 같이 일상생활에서 손쉽게 구할 수 있는 물건들을 사용하여 다양한 게임을 부모나 친구와 같이 하는 것이 특징이다.

예를 들어 카드 게임을 살펴보자. 덧셈을 공부하면 처음에 합이 10이 되는 보수(complementary number)들을 먼저 배우게 된다. 이 경우는 1부터 9까지 적힌 카드만 사용하여 기본적으로 몇 장은 손에 들고 카드를 1장씩 가져가면서 합이 10이 되면 카드를 제거하여 간다. 결국 손에 카드가 남지 않는 첫 번째 학생이 이기는 게임이다.

나눗셈의 경우는 1부터 100까지 적힌 숫자판과 바둑알을 카드와 함께 사용한다. 이 게임은 먼저 카드를 한 장씩 순서대로 펼치는데, 카드에 나온 숫자로 숫자판에 있는 수 중에서 나누어 떨어질 수 있는 최대의 수로 생각되는 자리에 본인의 바둑알을 놓는다. 예를 들어 첫 번째 시행에서 8을 펼치면 최대의 수는 96이 된다. 하지만 학생이 80을 8로 나누어 떨어질 수 있는 최대의 수로 생각하고 바둑알을 놓는 경우도 있다. 그러면 다음 시행에서 다른 학생이 4를 펼치면 96에 바둑알을 놓으면 된다. 물론 시행이 반복되면서 바둑알이 놓인 수들은 제외해야 한다. 마지막 카드까지 시행하고 나면 바둑알들이 놓인 수의 합을 계산하여 많은 쪽이 이기는 게임이다. 이 게임은 나눗셈과 곱셈이 모두 사용됨으로, 배수와 약수의 개념까지 익힐 수 있다. 또한 게임의 결과를 확인하는 과정에서 더하는 수의 합이 커지므로 고학년에서 많이 한다.

이러한 수학게임들은 선생님이 게임의 규칙과 방법을 설명하고 가정에서 주로 연습하도록 한다. 이 때 과제물은 막연히 몇 번 하도록 과제를 주는 것이 아니라 학생들에게 "Family Math Journal" 이라는 게임 기록장을 준다. 이 기록장 안에는 게임을 한 날짜와 시간, 게임의 종류, 함께 한 사람, 느낀 점, 게임에서 배운 수학의 원리 혹은 개념 등을 상세하게 기록하도록 하고 있다.

선진국에서 수학 공부를 게임으로 시작하는 이유는 수

학에서 수의 법칙을 찾고 조사하는 것이 우리가 좋아하는 게임의 원리임을 가르쳐줌으로써 흥미를 가지게 하기 위한 것이다.

초등학교 고학년부터는 생활 속의 수학을 가르쳐 준다. 먼저 도형이다. 평면도형과 입체도형들은 가정에서 사용하는 가구와 부엌용품 그리고 건물의 구조를 비롯한 다양한 예를 조사함으로써 자연스럽게 학습이 이루어지도록 한다. 다음은 단위의 개념이다. 몸무게, 부피, 들이, 면적 등을 기본적인 과학의 지식과 결부하여 다양하게 학습하도록 한다. 따라서 학습 진도는 늦어질 수밖에 없다. 그러나 이러한 수학 교육이 오늘날의 선진국을 만드는 것이다.

학생들이 운동장에서 달리기를 하면 단거리의 경우는 처음에 1등으로 달리는 아이가 대부분 1등이 된다. 그러나 마라톤과 같은 장거리의 경우는 호흡 조절을 잘 하는 선수가 마지막 승자가 된다. 즉, 마라톤이 무엇인지 알고 있어야 하며 달리는 과정에서 예상되는 문제점을 파악하고 있어야 적절한 호흡조절이 되는 것이다. 수학의 원리도 이와 비슷하다.

초등학교에서 배우는 수학은 단거리 경주에 해당한다. 그러나 학생들이 평생을 두고 배우는 수학 공부는 마라톤의 원리와 같다. 선진국에서는 이것을 잘 알고 있으므로 수학을 즐기면서 생활화하는 것에 중점을 둔다. 즉, 호흡조절을 잘 해 가면서 결승점까지 달릴 수 있는 지구력을 키워 주는 교육이 선진국에서 가르치는 초등수학의 원리인 것이다.

우리나라의 부모들은 출발에서부터 기선을 제압하기 위해서 초등학교에 입학하기 전부터 수학 공부를 많이 시킨다. 그 후 중학교 까지는 우등생의 자리를 빼앗기지 않으려고 계속적으로 선행학습을 제공한다. 그 결과 학생들이 중학교를 졸업하는 시점부터는 호흡이 막혀오고 탈진하여 더 이상 달릴 수가 없게 되며 결국은 반환점을 지나면서 걷지 않고는 완주가 불가능하게 된다. 이것이 우리나라 고등학생들의 현 주소이다. 선진국에서는 과다한 선행학습이 수학이나 과학에서 필요로 하는 탐구력과 관찰력을 기르지 못한다는 사실을 잘 알고 있다. 그러므로 처음에는 호흡을 가다듬으면서 천천히 달린다. 마지막 후반부에 스피드를 낼 수 있는 힘을 축적시켜 주는 교육을 하고 있는 것이다.

결승점에 해당되는 대학에서는 우리나라와 큰 차이가

나기 시작한다. 공부의 양도 대학 교양수학의 기본 과목인 Calculus 교재의 경우에 우리나라의 3배 정도가 된다. 그러나 선진국의 대학생들은 같은 시간에 이 분량을 모두 소화시킨다. 이것은 마라톤의 예에서 살펴본 바와 같이 본인이 스스로 차근차근히 소화시켜 나갈 수 있는 호흡조절이 되기 때문에 교수는 코치의 역할만 하면 되는 것이다.

이처럼 선진국의 초등수학은 문제 풀이 위주가 아니고 수학은 재미있고 즐거운 과목이며 생활과 함께 하는 과목으로 가르쳐준다. 이러한 학습 방법이 선진국의 수학을 이끌어 가는 원동력이 되고 있다.

Lord 선생의 눈물

캐나다 밴쿠버 옆에는 태평양 연안과 인접한 곳에 밴쿠버 섬이 있고 그 섬의 맨 아래에 빅토리아라는 도시가 보인다. 이곳은 British Columbia 주의 수도이고 캐나다 최고의 휴양지로서 우리나라의 제주도와 비슷한 도시이다. 나는 이 도시에 있는 빅토리아 대학에 같이 연구하는 아주 친한 교수가 있어서 20년 전부터 자주 방문하였다.

그곳에는 초등학교 교사인 로드(Lord)라는 분이 있다. 그녀는 나이가 쉰이 넘었고 장애자를 가르치는 특수교사이다. 지금 이 분은 커너라는 Optimism(낙천주의) 학생을 전담하고 있다. 캐나다 교육제도는 우리나라와 달리 교사 한 명이 장애를 가진 학생 한 명을 전담하여 교육한다. 낙천주의는 교육하기에 아주 힘든 장애자이다. 이 학생은 아무리 쉬운 내용도 수업시간 중에 선생님이 스스로 해 보라고 하면 항상 울기 때문에 급우들 사이에서 '울보'로 통한다. 그는 놀 때는 정상인 같지만 수업만 시작하면 울기 때문에 단어조차도 아는 것이 별로 없는 저능아에 속한다. 로드선생은 커너를 매일 웃으면서 달래주고 때로는 그림을 그려서 가르치고 심지어 몸짓을 병행하며 교육한다.

나는 그녀에게 교사의 역할과 사명감에 관하여 질문을 하였더니, "make a sacrifice"라는 이야기를 하면서 책을 한 권 주었다. 그 책에서는 교사의 역할과 사명을 씨앗을 뿌려 정원을 가꾸는 일에 비유하고 있다.

봄이 되자 교장선생님은 씨앗을 한줌 갖고 선생님을 찾아왔다. 선생님은 이 씨앗을 뿌리기 위하여 일 년 동안 해야 할 일을 달력에 표시하고 양지바르고 물이 잘 빠지는 땅을 골라 정성껏 심는다. 그리고 비료와 물을 주고 잡초와 해로운 곤충들도 제거해가며 정성을 다해 키운다. 그 중 어떤 씨앗은 튼튼히 잘 자라지만 어떤 씨앗은 병들고 잘 크지 않는다. 이들 씨앗들이 자라서 꽃을 피울 때가 되면 어떤 꽃은 아름답고 자태를 뽐내고 있고 어떤 꽃은 거칠고 수줍어하고 있다. 선생님은 병든 꽃은 약을 뿌리고 잘 크지 않는 꽃은 비료를 듬뿍 주며 수줍어하는 꽃은 양지바른 곳으로 옮겨 햇빛이 잘 들도록 돌보아 준다. 한 해가 가면서 정원은 꽃이 만발하고 선생님은 겨울이 끝날 때까지 조용히 휴식을 취한다. 다음 봄에 교장선생님은 다시 씨앗을 한 줌 들고 선생님을 찾아온다. 선생님은 정성스럽게 손질해 둔 연장을 챙기고 다시 정원을 가꿀 준비를 한다.

이 책이 우리에게 주는 교훈은 매우 깊다. 우리는 정년이 보장된 안전한 생계의 수단으로 교사직을 선택한 것이 아닌지 자신에게 반문해 보도록 하고 있다. 우리 모두 씨앗으로 정원을 가꾸는 정성과 같이 학생들에게 온 마음을 다 기울이고 있는지 반성해 보자.

로드 선생님은 학년이 끝나는 달인 6월에 열린 학예발표회(Talent Show)에 커너를 내어 보냈다. 커너는 전교생 앞에서 로드 선생님에 대한 고마움으로 가득 찬 편지를 꺼내어 더듬더듬

읽어내려 갔다. 로드선생님의 얼굴에는 두 줄기 눈물이 소리 없이 흘러내렸다. 커너가 편지를 다 읽은 후에도 선생님의 눈물은 그치지 않았다. 우리 가운데 얼마나 많은 부모와 선생님들이 Lord 선생의 눈물을 이해할 수 있을까?

05 사고력과 집중력 키우기

조선일보는 매주 월요일 '맛있는 공부'라는 섹션 페이지에 공부에 성공한 학생들의 사례를 소개하고 있다. 자식을 키우는 부모들에게 도움이 많이 되는 흥미로운 기사가 실려 있었고, 그 뒷면에는 신문 전면을 장식하는 세 개의 광고가 실려 있었다. 그런데 이들 모두 수학 참고서에 관한 것들이었다. 이 책들에 대한 공통된 홍보 내용은 이 책을 사서 공부하면 모두가 수학의 영재가 되는 듯이 쓰여 있어서 학부모들에게 매우 유혹적이었다.

신문에 광고된 수학 참고서를 사서 아이에게 풀리고 싶었는지, 오늘따라 또 아내가 흔들리기 시작하였다. 나는 사고력과 집중력은 참고서에 의하여 키워지는 것이 아니라 공부하는 방법과 습관에 의하여 길러지는 것을 강조하고 사고력과 집중력을 키우기 위하여 필요한 구체적인 방법과 습관에 대하여 자세하게 설명하였다.

01_사고력은 IQ보다는 철저한 예습과 복습을 통하여 키워진다.

몇 년 전 포항 대동고등학교에 근무하는 수학 선생님이 교육대학원 졸업 논문을 들고 왔다. 그 분은 본인이 근무하는 고등학교의 학생 가운데서 수학 성적이 전교 1등에서 5등까지인 다섯 명의 학생들이 공부하는 습관을 1년간 관찰하여 이를 논문으로 작성하였다.

5명의 학생 중에서 전교 3등하는 학생은 집이 너무나 가난하여 참고서를 사는 것은 엄두도 못 내었지만 교과서의 예습과 복습은 반드시 했다. 이 학생은 밥은 먹지 않아도 이것만은 반드시 지킨다고 했다. 사교육에 의존하지 않고 스스로 예습과 복습을 하는 이러한 공부 습관은 문제 풀이에서 요구되는 여러 가지 유형의 방법론을 자기 것으로 소화시킨 경우이다. 그 결과 전교 3등을 유지할 수 있는 사고력을 키운 것이다.

전교 1등하는 학생은 IQ가 114였다. 데이터의 정확성을 위하여 두 번이나 테스트한 결과 동일한 IQ가 나타났다. 일반적으로 IQ 검사의 수리테스트는 주어진 시간에 수의 규칙을 빨리 찾아내는 속도를 테스트하는 것이지 사고력을 테스트하는 것은 아니다. 그럼에도 불구하고 이 학생이 전교 1등을 할 수 있었던 것은 수학 문제를 풀이할 때 6~7시간 동안 화장실도 가지 않고 문제를 생각하는 탁월한 집중력 때문이었다. 수학은 IQ보다는 집중력이 결정하는 것이다. 그렇다면 이러한 집중력은 어떻게 길러지는 것일까?

02_다양한 풀이 방법과 잘못된 풀이의 원인 분석이 집중력을 키운다.

나에게는 굉장한 노력형의 조카가 한 명 있다. 나는 누님의 부탁으로 이 조카를 1년간 지도하였는데, 조카는 번번이 어려운 고난도 문제에서 틀리곤 하였다. 그 원인을 살펴보니 추측에 의해 풀이하는 것을 발견할 수 있다. 조카는 논리적으로 생각하지 않고 성립한다고 전제하고 풀이하고 있었으며 내가 질문하면 "되는 것 아니예요?"라는 말을 자주 하였다. 이것은 고난도 문제에서 집중력이 떨어지는 학생들의 대표적인 유형이다. 이러한 문제점은 논리력과 집중력이 부족하여 오래 생각하지 못하고 빨리 문제를 풀려는 조급한 마음에서 비롯되는 것이다. 수학문제는 답을 찾아내는 과정에서 추측에 의한 느낌을 사용하면 안 된다. 정확한 답은 학생 자신이 알고 있는 지식만으로 노력하여 찾아야 한다.

나는 조카의 이런 문제점을 없애고 집중력을 기르기 위하여 난이도가 아주 높은 문제를 주고 여러 가지 방법으로 풀이하도록 하였다. 물론 처음에는 본인이 풀어야 하고 풀지 못하면 원인을 찾은 다음, 다른 방법을 생각하게 하였다. 때에 따라서는 틀리는 방법을 제시하고 그 이유를 찾도록 하였다. 그러면 문제가 재미있어지고, 이를 바탕으로 집중력이 커지는 것이다. 이 경우 풀이 시간은 한 문제에 최소한 3시간이 소요된다. 고3이라는 특수한 상황 때문에 시간적인 어려움이 많았으며 부모들의 반대도 있었다. 그러나 어려운 문제를 신속히 해결할 수 있는 능력은 훈련 과정에서 많은 시간을 요구한다.

수학의 경우에 집중력은 가르쳐서 길러지는 것이 아니다. 논리적 사고력을 바탕으로 고된 훈련에 의하여 키워지는 것이다. 일반적인 경우는 어릴 때부터 공부하는 습관에 의해 좌우되지만 이 경우는 가르치는 사람의 전문성이 요구된다. 여기서 전문성은 문제를 설명하거나 풀어주는 것이 아니고 가능성이 있는 모든 방법을 생각하게 하고 가장 적절한 풀이 방법을 스스로 찾도록 도와주는 역할을 의미한다. 특히 개인 지도에서는 이 점을 유의하여야한다.

조카의 경우는 나에 대한 절대적인 신뢰와 본인의 부단한 노력 덕분에 서울대 전기공학부에 합격하였고 졸업 후 미국 코넬 대학에서 로스쿨을 마치고 현재 뉴욕 맨해튼에 있는 세계 굴지의 법률사무소에 변호사로 일하고 있다. 모두가 집중력을 키운 덕택이다.

03_매일 아침 10문항씩 문제를 풀고 학교에 가는 습관이 사고력을 향상시킨다.

아내의 부탁으로 중학교 3학년 여학생을 테스트한 적이 있다. 이 여학생은 어릴 적부터 수학 공부를 학원과 인터넷 강의에 의존한 학생인데 수학을 제외한 다른 과목들은 거의 만점을 받는 학생이었다. 부모는 유독 수학을 못하는 이유를 몰라서 애간장을 태우고 있었다. 테스트를 해 본 결과 이 여학생은 모든 문제를 공식에 대입하여 풀고 공식이 없는 경우의 문제들도 자기 나름대로 만든 공식에 대입하는 것이다. 또한 이 공식들을 철저히 암기하는 습관을 가지고 있었다.

이러한 학습 습관은 수학 공부를 학원에 의존하는 학생들에게 많이 나타나는 현상이므로 먼저 학원을 중단하게 하였다. 그러나 문제는 의외로 심각하였다. 이미 학원 수업에 중독이 되어 있기 때문에 학원을 가지 않으면 공부를 할 수 없는 것이다. 나는 한 가지 처방을 주었다. 매일 아침 6시부터 학교가기 전까지 공식에 대입할 수 없는 심화 단계의 문제들을 10문제씩 풀도록 한 것이다. 물론 문제는 반드시 아침 시간에 다 풀어야 될 필요는 없다. 그리고 학생이 학교에서 돌아오기 전까지 채점을 하여 놓고 돌아오면 다시 풀게 하였다.

여기서 나는 2가지 효과를 노린 것이다. 하나는 자고 일어나서 상쾌한 머리로 문제를 대하므로 공식을 생각하지 않고 문제 자체를 생각하게 한 것이고 또 하나는 학교에서 문제를 한 번 더 생각한 다음 틀린 문제나 못 푼 문제들을 집에서 다시 풀도록 한 것이다. 일반적으로 이미 풀이한 문제에 대하여 충분한 시간을 갖고 한 번 더 생각한 후에 다시 풀어보는 것은 사고력 향상에 많은 도움을 준다. 이 학생은 지금 서울의 외국어 고등학교에 다니고 있다. 그 학생의 부모는 나에게 정년퇴임 후에 서울 강남에서 수학 클리닉 센터를 열도록 권하고 있다.

수학으로 베푸는 사랑

나는 1975년 경북대학교 수학과에 입학한 이후 지금까지 수학을 공부하고 가르치는 일 외에 다른 일은 해 본 적이 없다. 특히 가르치는 일에 타고난 소질이 있었는지 학창시절 개인 지도도 많이 하였다. 대학원 시절에는 교수 봉급에 준하는 고액 과외도 하였다. 그 후 대구교육대학 교수로 3년간 근무하였으며 1985년부터 영남대학교 사범대학 수학교육과로 옮겨와서 지금까지 교육과 연구에 몰두하고 있다.

영남대학교는 내 인생의 중심에 자리하고 있었으며 사범대학장과 교육대학원장 등 보직들을 수행하면서 교육자로서 평소에 생각하던 여러 가지 보람 있는 일들을 하는 주체가 되었다. 그 과정에서 때로는 구성원들의 반발을 사기도 하였지만 옳은 일을 한다는 신념으로 노력한 결과 성공적으로 마무리 할 수 있었다.

하루는 아내에게 어떻게 살면 우리의 삶이 보람 있고 바른 삶이 될 것인가에 대해 물었다. 그리고 우리나라 재계의 큰 인물부터 하나하나 짚어 가며 살펴보았다. 고 정주영 회장의 아들이 왜 자살하였을까? 이병철 회장이 왜 자식 문제로 고민하였을까? 김우중 회장의 말년은 어떠한가? 모든 경우를 생각해 보았지만 둘 다 인정할 수 있는 답을 구하지 못 하였다. 아내는 갑자기 '사랑을 베푸는 삶'을 제안하였다. 우리는 둘 다 동의하였지만 문제는 대상과 방법이었다. 사랑을 누구에게 무엇을 어떻게 베풀 것인가 하는 것은 우리에게 간단하고 쉬운 문제가 아니었다.

성경에 "받은바 지체대로 행하라"는 말이 있다. 내가 가장 잘 할 수 있는 일은 수학임을 깨달았고 아파트의 어린이들 가운데 딸애의 친구부터 수학을 가르쳐 보기로 하였다. 보람 있고 의미 있는 삶은 남이 인정하는 거창한 일을 하는 것이 아니고 주변에서 찾을 수 있고 내가 손쉽게 할 수 있는 조그마한 일부터 시작하여야 한다고 생각한 것이다.

나는 요즘도 딸애의 친구에게 수학의 문제들을 해결하는 힘을 길러 주고 있다. 내가 하는 일은 가르쳐 주는 것이 아니고 스스로 문제를 풀게 하고 모르는 것은 서로 토론하게 한 뒤, 옳고 틀린 답을 이해시켜 주는 일이다. 또한 수학을 공부하는 습관과 방법에서 문제점이 발견되면 부모와 토론하여 고쳐주기도 한다.

우리 딸과 같은 초등학교 4학년인 한 학생은 이해력이 매우 빠르다. 그러나 문제가 조금만 어려워지면 계산 과정에서 오류가 생기고 항상 답이 틀려서 원인을 살펴보니 네 가지를 발견할 수 있었다.

첫째, 사칙 계산에서 암산을 많이 하기 때문에 수의 자리수가 많아지면 속셈에서 실수가 발생한다. 이와 같은 문제는 가정에서 지도하는 방법이 잘못되어 나타나는 경우가 많다. 대부분의 가정에서 자녀들이 수학 공부를 하기 싫어하면 어머니들께서는 "이것만 풀고 놀아라" 또는 "이것만 끝내고 텔레비전을 봐도 좋다"는 말을 자주 쓴다. 그러면 자녀들은 빨리하고 놀거나 텔레비전을 보기 위하여 암산을 하게 되고 대충 풀이하는 습관이 생긴다. 이것이 자녀들이 암산을 하게 되는 원인이 되는 것이다.

둘째, 계산 과정을 체계적으로 적어 내려가지 않고 이곳저곳을 오가며 산만하게 풀이한다. 이것은 고학년이 될수록 수학 문제가 어려워지고 검산을 요구하게 되므로 더 큰 문제점을 일으킨다. 만약 첫 번째 풀이에서 구한 답이 주어진 보기에 없으면 다시 풀어야하고 결국에는 풀이할 시간이 모자라게 되는 것이다. 이것 또한 공부의 양을 중요시 하는 부모들의 잘못된 교육방식이 주요인이다. 즉, 부모들은 자녀들에게 "몇 장 풀었느냐?"를 자주 묻는다. 이러한 질문이 자녀들에게 무의식중에 스트레스를 주게 되고 급하게 대충대충 풀게 되는 습관을 만들게 되는 것이다.

셋째, 문제를 풀이할 때 중얼중얼거리면서 풀어 내려간다.

이것은 집중력을 떨어뜨리는 나쁜 습관으로서, 옆에 있는 학생들에게까지 방해하게 된다. 이러한 습관은 어려운 문제를 풀이할 때 본인이 놀고 있는 것이 아니고 문제를 생각하고 있는 것을 부모에게 보이려고 하는 심리적인 요인에서 표출되는 경우가 많다.

넷째는 고학년에 나오는 계산 기법을 위험성도 생각하지 않고 무의식적으로 사용한다. 예를 들면 분수의 계산에서 약분은 5학년에 배운다. 3학년에서 배우는 나눗셈은 나누어 떨어지는 경우이므로 약분을 하고 나누어도 아무런 문제가 되지 않는다. 그러나 4학년에 나오는 나눗셈은 약분하고 나누면 약분하기 전의 나눗셈과는 나머지가 틀리게 된다.

나는 이 네 가지 문제점에 대하여 부모와 상담하였다. 네 번째 문제점을 제외하고 세 가지는 부모가 이미 잘 알고 있었으며 여러 번 고치려고 노력하였으나 본인의 고집 때문에 고쳐지지 않는다는 것이다. 나는 어려운 일이지만 방학 기간에 이 학생의 잘못된 네 가지를 고쳐보기로 하였다.

수학에서 어려운 문제는 풀이 시간을 충분히 주고 조용히 사고하게 한다. 그 다음에는 생각한 풀이를 설명하게 하고 틀린 부분을 고쳐주어 차근차근 적게 한다. 이것을 반복하면 사고력과 집중력이 커지고 풀이과정을 선명하게 적을 수 있는 것이다.

나의 조그마한 노력과 가르침으로 인하여 이 학생이 훗날 훌륭한 사람이 되어 국가와 민족의 발전에 기여할 수 있으면 이보다 더 보람 있고 의미 있는 삶은 없을 것이다.

06 올바른 자녀교육을 위하여 부모가 지켜야 할 10가지 유의사항

자녀들의 수학교육은 모든 학부모들이 겪는 공통된 고민가운데 한 가지이다. 가장 큰 원인은 부모가 먼저 수학을 어려워 한다는 데 있다. 학부모들은 자녀들에게 많은 기대를 갖고 있고, 그것을 달성하기 위하여 필요한 모든 교육을 제공하고 싶어 한다. 특히, 수학의 경우 다양한 방법으로 남들보다 많이 지도받으면 우수해질 수 있다고 생각하는 것이 학부모들의 보편적인 생각이다.

부모들이 자녀들을 바르게 지도하기 위해서는 환경적인 요인과 개인에 따른 능력의 차이를 고려하여 종합적으로 판단하여야 한다. 일부 학생들은 선천적으로 수학적 재능이 탁월한 학생들이 있다. 만약에 능력이 가장 뛰어난 학생에 맞추어 지도하면 자녀들은 공부 자체를 어려워하게 된다. 부모의 욕심이 자녀들의 교육을 그르치게 만드는 것이다. 학생 개인에 대한 정보는 누구보다도 부모가 가장 잘 알고 있으므로 올바른 자녀교육을 위하여 부모가 지켜야하는 유의사항들을 살펴보자.

첫째. 부모의 수준에서 자녀를 가르치지 말고 자녀의 수준에서 지도해야 한다.

수학은 틀리면서 배운다. 그러나 부모들은 자녀들의 풀이가 틀리면 지나치게 걱정하거나 "이것도 모르느냐?"는 표현을 자주하면서 꾸중하는 경우가 잦다. 부모의 학력 수준이 높을수록 자녀들을 지도할 때 꾸중을 많이 하는 경향이 있고 자녀들이 바보가 되는 듯이 앞질러 상상의 날개를 펴곤 한다. 나는 알고 있는데 아이들은 모르기 때문이다. 반대로 아이들의 입장에서 보면, 부모들이 보여주는 실력 발휘는 전혀 이해되지 않는 외계인의 설명으로 받아들이기 쉬우며, 이것은 자칫 사고력을 위축되게 만든다.

간단한 예를 들어 보자. 초등학교 5학년 교과서에는 최소공배수의 개념을 이해시키기 위하여 실생활과 연계하여 아래의 문제가 제시되어 있다. 일반적으로 수학에서 제시되는 실생활의 문제는 수학적 개념이나 계산의 원리를 먼저 이해시켜야 하므로 지도하는 데 조심해야 한다.

문제 : 가로가 6cm이고 세로가 8cm인 직사각형을 나열하여 크기가 가장 작은 정사각형을 만들려고 한다. 직사각형은 몇 장이 필요하겠습니까?

학부모들은 이 문제를 지도할 때 6과 8의 최소공배수인 24를 구하고 나서 한 변이 24cm가 되기 위하여 가로가 4장, 세로가 3장이 필요하므로 전체는 12장이 필요하다고 지도한다. 이러한 지도에 대한 문제점은 정답을 구하는 과정에서 최소공배수를 찾아야 하는 이유를 깨우쳐 주지 않은 데 있다. 정답만 구하였지 문제를 이해시키지 않았으므로 이것은 부모의 수준에서 자녀를 가르친 것이다.

그렇다면 올바른 지도법은 어떤 것일까? 이 문제는 어린이들이 즐겨하는 '퍼즐 맞추기'를 생각하도록 한다. 그러면 어린이들은 한 변이 24cm또는 48cm의 정사각형을 만들어 낸다. 그러므로 정사각형이 만들어지기 위해서는 한 변의 길이가 6과 8의 공배수가 되어야하며 이것으로부터 공배수의 개념을 이해하게 된다. 다음에는 가장 작은 정사각형을 찾아야하므로 가장 작은 공배수인 최소공배수를 찾아 문제를 해결하도록 지도해야 한다. 그러면 자녀들은 최소공배수를 공부하는 필요성을 느끼게 되고 개념을 명확하게 이해하게 될 것이다.

이와 같이 수학에서 실생활과 연관된 문제들을 공부하는 이유는 해답을 구하는 예제로서 제시하는 것이 아니다. 주어진 문제가 요구하는 수학의 원리를 이해시킴으로써 수학의 필요성을 깨닫게 하는 데 그 목적이 있다.

따라서 자녀들의 수학 공부에서 부모의 역할은 문제를 풀어 주는 것이 아니고, 잘못 이해하고 있는 점을 찾아서 깨우쳐 주는 것이다. 부모의 수준에서 자녀를 지도하면 정답을 구하는 방법을 설명하는 것이지만, 자녀의 수준에서 지도하면 문제가 요구하는 수학의 방법을 이해시키는 것이다.

둘째. 부모가 상세히 설명하려고 하지 말고 자녀가 문제해결의 원리를 스스로 찾아 낼 때까지 기다리는 자세가 필요하다.

구성주의적 관점에서 보면 수학 공부는 '생각하는 활

동의 경험' 으로 볼 수 있다. 그러므로 여러 가지 창의적 방법에 의하여 사고력을 계발하는 데 중점을 두어야 한다. 부모가 설명을 많이 하면 할수록 자녀의 사고력은 감퇴되고 주입식 교육이 되기 쉽다. 주입식 교육은 획일적이고 정답 위주의 교육방법 이므로 자녀들에게 기계적인 문제풀이를 강요하게 된다.

어린이들은 그들이 좋아하는 과목, 적성, 취미가 모두 다르다. 만들기를 좋아하는 어린이가 있고 조용히 독서를 즐기는 어린이가 있다. 수학을 공부하는 방법도 마찬가지이다. 같은 부모 밑에서 함께 자란 형제들도 한 아이는 문제를 성급하게 풀고 다른 아이는 천천히 생각하면서 푼다. 부모들은 이런 특성을 무시하고 자녀를 가르칠 때 빨리 어려운 문제로 진입하는 경향이 있다. 이것이 성급하게 설명을 많이 하게 되는 원인이 되는 것이다. 부모가 자녀의 능력을 믿고 기다리면 자녀는 부모를 실망시키지 않기 위하여 최선을 다하게 된다. 그 결과 부모들은 자녀들이 발휘하는 신비의 능력을 보게 될 것이다.

셋째. 오류유형을 분석하여 반복 훈련을 함으로써 잘못된 사고를 교정하고 논리적 사고력을 향상시켜야 한다.

오류유형을 분석하고 잘못된 사고를 바로잡기 위하여 학습카드를 사용하면 여러 가지 측면에서 효율적이다. 학습카드의 사용은 양면을 모두 이용하는 것이 바람직하다. 앞면은 문제와 문제 풀이에 사용되는 핵심적인 전략을 쓰게 하고 뒷면은 구체적인 풀이과정을 적게 한다. 그리고 자녀들이 많이 힘들어 하는 단원에 대해서는 부모가 오류 유형을 분석하여 유사한 문제들을 같이 토론하고 카드를 함께 작성하는 것이 효율적이다 .

초등학교에서 학습카드를 작성하는 습관을 기르면 정답이나 공식보다는 풀이과정을 중요하게 생각하며, 덕분에 논리적 사고력을 향상시킬 수 있다. 또한, 작성된 카드들의 규칙성을 조사하게 하면 수와 연산에 대한 공통된 원리와 개념을 이해하는 데 도움을 줄 수 있을 뿐만 아니라 도형 단원의 여러 가지 성질에 대한 상호간의 연계성을 공부하는 데도 매우 효율적이다.

특히 문장제 지도의 경우는 자녀가 자주 틀리는 유형의 문제에 대하여 학습카드의 도움으로 오류의 원인을 스스로 발견하게 함으로써 독립적 사고력을 길러줄 수 있다.

모든 학생들은 시험에서 최선을 다한다. 우수한 성적을 받고 좋은 석차를 차지하고 싶은 사람은 누구보다도 학생 본인이다. 하지만 학생들은 전 과목에서 탁월한 능력을 발휘할 수는 없다. 자신이 좋아하는 과목이 있고 싫어하는 과목이 있다.

부모들은 자녀들이 시험에서 완벽한 능력을 발휘하기를 기대하지만 그런 능력을 발휘하는 어린이는 없다. 또한 이 사실을 모르는 부모는 없지만 내 자식만은 예외적인 능력을 갖고 있기를 무의식중에 기대하고 있는 것이다. 이러한 부모들의 심리는 자녀들을 친구들과 비교하게 하고 점수화된 성적과 서열에 집착하게 된다. 그 결과 부모들은 칭찬에 인색하게 되고 자녀들은 공부에 흥미를 잃게 된다.

올바른 자녀교육은 자녀들이 갖고 있는 특별한 소질과 능력을 계발시켜야 한다. 이것은 칭찬만이 가능하다. 만약에 자녀들이 부모가 실망하는 모습을 보게 되면 공부를 포기하고 싶어진다. 그러므로 부모들은 자녀들의 성적과 석차에 집착하지 말고 매사에 최선을 다하는 자세를 길러 주어야 한다. 그리고 칭찬은 자녀들에게 문제 해결에 대한 자신감을 키워준다는 것을 명심해야 한다.

다섯째. 교과서를 중심으로 공부하도록 지도해야 한다.

수학 공부에서 가장 중요한 것은 원리의 발견이다. 초등 수학은 내용면에서 연산에 대한 계산 능력을 강화하는 데 무게중심을 두고 있다. 그러나 이것은 계산 규칙에 대한 원리의 이해 없이는 불가능하다. 예를 들면 뺄셈에서 두 자리 빼기 한 자리는 십진법의 받아 내림의 원리를 알아야 하고, 이를 이해하고 나면 다른 자리 수들의 뺄셈은 같은 원리에서 혼자 학습할 수 있게 된다. 따라서 교과서 중심의 기본적인 문제를 충분히 훈련하도록 지도해야 한다. 교과서는 단원마다 실생활과 관련된 다양한 장면을 소개하고 있는 반면에 참고서는 문제 중심이다. 부모가 성적을 너무 의식하게 되면 자녀들에게 참고서 중심의 공부를 시키게 된다. 이것은 자녀들에게 수학을 싫어하게 하는 주된 원인이 된다. 교과서 중심의 교육만이 원리를 발견할 때 느낄 수 있는 희열감을 제공할 수 있다.

여섯째. 학년을 넘어서는 공부는 위험하다.

수학사를 보면 수재는 많지만 천재는 몇 명 없는 것을 알 수 있다. 불행하게도 세계의 역사 속에 수학의 천재로 인정받는 한국인은 한 명도 없다. 그러나 지금은 수학에 천부적 소질을 타고난 어린이가 너무 많은 것 같다. 초등학생들이 중학교 과정의 수학을 공부하고 중학생들이 고등학교 내용의 수학을 공부하는 모습들을 자주 보기 때문이다. 지금 우리의 현실은 부모들이 서로 경쟁하면서 자녀들에게 학년을 넘어서는 공부를 시키고 있으며 수학사에 나타난 천재의 가면을 씌우고 있는 것이다. 학년을 넘어서는 공부는 수학의 원리를 이해하고 사고하면서 학습하는 것이 아니고 문제유형에 따른 계산기법과 공식에 의존하는 학습 습관을 갖게 된다. 이것은 결과적으로 자녀들이 수학을 어려운 과목으로 생각하게 만들고 사고력을 감퇴시키는 원인이 된다.

일곱째. 가정에서는 발문학습을 하여야 한다.

부모들이 가정에서 자녀들을 가르치는 경우는 질문보다 발문을 많이 하여야 한다. 질문이 이미 학습한 사실에 관하여 물어보는 것이라면 발문은 사고활동을 활발하게 하는 물음이다. 즉, 삼각형의 내각의 합이 몇 도인가를 묻는 것은 질문이고, 삼각형의 내각의 합을 구하기 위하여 어떻게 하면 알 수 있는가를 물어보는 것은 발문이다.

초등수학에서 이와 같은 발문학습은 직관적 사고에 의존하지만 결과적으로 수학적 논리력을 향상시킨다. 중학교에서는 발문 활동에 의하여 증명의 원리를 찾게 되므로 체계적으로 학습시켜야 한다. 가정에서 하는 발문학습은 때로는 부모와 같이 토론하는 것이 바람직하다. 예를 들면 수와 연산에 대한 계산 문제도 답을 요구하는 것보다 해법의 다양성에 관하여 같이 토론하는 발문학습이 바람직하다.

발문학습은 자녀들에게 수학의 흥미를 심어주게 된다. 일반적으로 발문에 의한 학습은 진도가 늦고 질문보다 많은 시간이 요구된다. 그러나 발문학습이 수학에 대한 사고력과 집중력을 키우는 가장 좋은 방법임을 명심하여야 한다.

여덟째. 수학공부를 사교육에 의존하면 반드시 문제가 생긴다.

자녀들의 수학공부를 과외나 학원과 같은 사교육에 의

존하면 초등학교에서는 효과가 있으나, 고등학교에 진학하면 문제가 생긴다. 사교육은 부모의 심리를 교묘히 이용한다. 일반적으로 사교육에서 제공하는 교육은 자녀들의 능력에 맞는 문제를 제공하기보다는 항상 학생의 능력보다 난이도가 높은 문제를 제공한다. 따라서 학생들은 자신이 사고하여 문제를 풀이하는 것이 아니고 끊임없이 배워야 하는 것이다. 초등학교에서는 사교육을 통한 학습 효과가 일시적으로 나타난다. 그러나 중 · 고등학교에서는 어린 시절부터 많이 사고한 학생이 문제 풀이의 다양한 전술을 구사할 수 있는 것이다. 그러므로 사교육에 의하여 구경하는 공부를 해 온 학생들은 문제 해결력에 대한 독립심을 잃어버리기 쉽다. 가급적 부모와 같이 사고하는 시간을 많이 가지는 것이 수학공부에 도움이 된다.

아홉째. 자녀들을 보통 수준의 아이로 키우려고 노력해야 한다.

개인이 운영하는 학원에서 자녀들의 수학 수준을 테스트 받으면 전교 1등을 제외한 모든 학생들은 수학에 문제가 있다고 말한다. 왜냐하면 기준이 전교 1등인 학생이기 때문이다. 그러나 전교 1등은 한 명이다. 학부모들은 누구나 자신의 자녀가 전교 1등이 되기를 원한다. 이러한 상황에서는 바람직한 해법이 나올 수 없다. 모두가 1등을 하면 2등은 누가 하겠는가?

따라서 자신부터 아이들을 1등이 아닌 보통 아이로 키우도록 노력해 보면 마음이 편해지고 아이들은 스트레스를 받지 않는다. 그러면 아이들은 밝아지고, 밝아지면 성실해진다. 결과적으로 보통 아이가 수재가 될 수 있다. 만약에 아이들을 1등으로 키우려고 노력하면 수재가 둔재로 되고 마지막에는 바보가 되는 것이다.

열째. 자녀교육에 대한 신념과 철학을 가져야 한다.

우리의 주변을 살펴보면 가정환경이 좋은 집의 자녀들은 여러 종류의 과외를 하고 있음을 발견할 수 있다. 심지어 여덟 가지 또는 그 이상 하는 경우도 있다. 이것은 부모들이 자녀교육에 대한 신념과 철학이 없기 때문이다. 영어나 수학은 물론이고 옆집에서 미술 과외를 시키면 우리 아이도 해야 한다. 이렇게 되면 자녀들은 모든 시간을 배우는데 소비하게 되어 매일 피로하고 지친 상태가 된다. 뇌는 사고할 시간이 없게 되고 눈동자는 흐려진다.

대학에서 교수들에게 연구실을 주는 이유를 생각하여 보자. 혼자만의 공간에서 조용히 공부하고 사색할 수 있는 공간을 제공하는 것이다. 지식을 탐구하는 힘의 원동력은 혼자서 사색할 수 있는 시간의 양과 좋은 교육환경에서 비롯된다. 그러므로 올바른 자녀교육은 다양한 과외 수업이 아니라 먼저 사고하는 힘을 길러주는 데 초점을 맞추어야 한다.

사고하는 힘은 부모가 미리 준비하여 주는 것이 아니고 본인이 스스로 공부하면서 창의력을 키워나갈 때 가질 수 있다. 공부를 하면서 때로는 물어 볼 사람이 없어 답답해 하기도 하고, 모르는 것이 많아서 고민도 하여 보고 울어 보기도 하면서 사고하는 힘이 강해지는 것이다.

자녀들이 가는 길을 부모가 미리 걱정하여 순탄하게 만들어 주면 공부하는 힘이 약해지고 집중력이 떨어진다. 우리가 차를 운전할 때 아스팔트길만 운전하는 것이 아니고 때로는 비포장도로인 시골길도 운전해야 한다. 앞으로 가야할 길이 많이 남아있는 공부의 여정에서 어렵고 험난한 길도 극복할 수 있도록 힘을 길러주는 교육을 해야 한다.

그러므로 부모들이 자녀들을 진정으로 사랑하는 길은 다양한 과외 공부를 시켜서 자녀들이 가야할 길을 아스팔트로 포장하는 것이 아니라, 여러 가지 형태의 길에 대하여 운전하는 방법을 익히도록 하고 사고를 예방하는 지혜를 가르쳐 주어야 한다. 이를 위하여 부모들은 여러 가지 과외 학습에 대하여 흔들리지 않는 신념과 아이들의 능력을 믿고 사고의 힘을 키워줄 수 있는 자신들만의 교육철학을 가져야 한다.

07 수학학습의 10가지 원칙

교육과정별 수학내용의 특징을 살펴보면 초등학교 수학은 학생들을 수학의 세계로 입문시키는 과정이므로 학생들이 수학적 활동과 수학의 가치를 직관적 사고를 통하여 경험하도록 하는 데 주안점을 두고 있다. 중학교부터는 방정식과 함수의 개념, 도형의 증명 등을 통하여 연역적 사고를 배운다. 고등학교에서는 수열, 급수, 연속, 미분 및 적분 등 이전에는 경험하지 못한 극한 개념을 집중적으로 다루는 것이 특징이며 유클리드(Euclid) 기하를 해석기하적인 방법론을 포함하여 여러 가지 방법으로 학습한다.

일반 사람들이 이러한 과정별 특징을 구체적으로 이해하기 위해서는 수학에 관한 전문적 지식이 필요하다. 따라서 우선 높은 수학지식이 요구되지 않는 초등수학을 바탕으로 올바른 지도법을 살펴보자.

수학의 천재 가우스는 초등학교 시절에 선생님으로부터 1에서 100까지의 합을 구하라는 질문에 즉시 다음과 같은 방법으로 답을 구하였다.

$$\begin{array}{rrl} & S = & 1 + \quad 2 + \cdots + 100 \\ +) & S = & 100 + \ 99 + \cdots + \quad 1 \\ \hline & 2S = & 101 + 101 + \cdots + 101 \\ & = & 100 \times 101 \end{array}$$

따라서 가우스는 구하는 답은 $\frac{100 \times 101}{2}$ 임을 밝혔다. 이는 영재적 사고라고 할 수 있으며, 가우스가 보여준 풀이 과정은 창의적 사고의 한 예를 보여 주고 있다.

사고의 구성과정에서는 다양한 경험이 요구된다. 학생들은 이 과정에서 부모나 타인에 의존하는 수동적 학습태도를 갖고 있는 경향이 있다. 그러나 수학의 영재들은 능동적인 태도로 창의적 사고를 하며 집중력이 탁월하다. 이것은 누구에게도 의존하지 않는 능동적인 학습태도에 의하여 길러지므로 오류에 대한 논리적인 문제점을 스스로 찾아내는 독립적인 사고력을 신장시켜야 한다.

02_왜 교과서는 다양한 방법을 소개하고 있는가?

초등학교 3학년 교과서에는 3자리 자연수들의 합과 차를 구하는 계산과정이 설명되어 있다. 교과서에 다양한 해법이 소개되어 있어서 학부모들은 수의 연산을 자녀들에게 직접 지도할 때 혼란을 느끼는 경우가 있다.

예를 들면, 523-194를 계산하기 위하여 일반적인 십진법의 받아 내림을 사용하는 방법 외에, 두 항에 6을 더하여 529-200을 하는 경우와 194를 200-6으로 바꾸어 생각하는 경우를 함께 소개하고 있다. 여기서 학부모들이 자녀들은 답만 맞추면 된다고 생각하면 이러한 방법은 소개할 필요가 없다. 그러나 우리는 계산 능력을 향상하기 위하여 이와 같이 다양한 방법을 훈련하여야 하고 이러한 과정을 통하여 자녀들이 사고력이 계발되며 창의성 교육이 이루어질 수 있다.

03_어떠한 방법으로 학습시켜야 하는가?

수학을 공부하는 가장 좋은 방법은 교과서를 최소한 3번 이상 반복 학습하는 것이다. 교과서를 처음 풀어보는 것은 내용을 이해하는 것이고 두 번째 풀어보는 것은 정확히 이해하고 있는가를 확인하는 과정이다. 3번 이상 학습하는 것은 정답을 구해가면서 직관적 사고에서 연역적 사고로 소화하는 과정이며 이를 통해 창의성이 신장하게 된다.

04_구경하는 수학은 금해야 한다.

학원이나 과외에 의존하는 수학은 스스로 풀지 않고 구경하는 수학이므로 하지 말아야 한다. 부모들이 자녀를 학원에 보내는 이유는 두 가지이다. 학교에서 학습하기 전에 미리 공부시키고 싶어하기 때문이며, 또 집에서 노는 것보다는 학원에 가면 조금이라도 더 배울 것이라는 기대를 하기 때문이다. 그러나 이렇게 공부하면 개념이나 원리보다는 공식에 의존하여 문제를 빨리 해결하려는 경향이 생긴다. 문제는 교사가 푸는 것이 아니고 본인이 풀어야 하는 것이다.

05_기본계산력을 강화시켜야 하며 암산(속셈)을 많이 하는 계산 습관은 오류를 유발한다.

학습지를 매일 규칙적으로 일정한 분량을 풀이하면 계산력을 키우는 데는 탁월한 효과를 본다. 단, 학습지는 매일 정해진 분량을 충실히 하는 것이 중요하다. 며칠 분량을 하루에

한꺼번에 하면 역효과가 난다. 그리고 주의하여야 하는 점은 빠르게 문제를 풀기 위하여 아이들에게 암산을 강요하면 계산 과정에서 오류가 생긴다는 점이다. 자리 수가 많은 계산에서 암산을 하면 10진법의 원리인 받아 올림과 받아 내림을 하는 과정에서 실수를 하게 된다. 일부 학습지 회사는 시간을 정해 놓고 아이들의 풀이 속도를 테스트를 한다. 이것 역시 결과적으로 학생들에게 암산을 요구하게 되므로 피해야 한다.

06_수학에서 공식은 어떻게 학습하여야 하는가?

수학의 문제 풀이 과정은 기호를 이해한 다음 주어진 가정과 정의된 법칙을 사용하여 문제를 해결하는 것이다. 이 과정에서 우리는 유형별로 동일한 그룹에 속하는 문제들에 대한 공통된 법칙을 파악하고 공식을 공부하게 되며 일반적인 증명법을 학습하게 된다. 초등학교에서는 이러한 증명 방법을 직관적 사고에 의존하여 가르치고 있으나, 중 · 고등학교에 진학하면 연역적인 방법으로 다시 증명한다. 그러므로 공식을 학습하는 방법은 다양한 예를 통하여 규칙이나 법칙을 이해하고 증명 과정을 반복 학습하여야 한다. 그리고 공식의 결과가 갖는 의미를 함께 이해시켜야 한다. 만약에 공식을 먼저 암기하고 주어진 문제를 공식에 대입하는 학습방법을 사용하면 공식이 갖는 의미는 지도될 수 없다.

07_수학을 체계적으로 공부하는 방법은 무엇인가?

수학 공부는 어려서부터 매일 일정한 시간 동안 집중하여 공부하는 학습태도를 심어 주어야 한다. 흔히 부모들은 보상 심리를 이용하여 잘하면 그에 따른 상을 주는 것을 전제로 공부시키는 경향이 있다. 이것은 학생들이 덤벙대어 계산 실수를 유발하는 원인이 된다. 수학은 먼저 계산력을 향상시키고 그 다음에 풀이 단계를 설정하는 논리력을 키우며 마지막에는 집중력을 통한 정확도를 길러야 하는 과목이다. 따라서 초등학교에서는 계산력 중심으로 교육하고, 중학교에서는 논리력 강화, 그리고 고등학교에서는 집중력을 통하여 문제를 물고 늘어지는 힘을 키워 주어야한다.

08_과다한 속진학습과 조기교육은 학습장애를 유발할 수 있다.

속진학습의 일반적인 형태는 동일한 연령의 학생들에 비해 적어도 몇 단계 더 높은 수준의 수학 교과서 혹은 부교재를 학습하는 경우이다. 속진학습 프로그램의 경우는 정규 교육과정만을 대상으로 빠른 학습속도에 초점을 맞추게 됨으로써 창의력 신장에 부정적인 영향을 미칠 수 있다.

맹목적인 조기교육이나 속진학습은 부모의 욕구는 어느 정도 충족시킬 수 있으나 학생들에게 전혀 도움이 되지 않는 경우가 많다. 발달에 따른 학습 수준과 학생의 사고 수준이 균형을 이루지 못하면 학습장애를 일으키게 된다.

우리 인간의 수학적 지식체계는 피라미드 구조로 형성되어야 한다. 기본이론은 다양한 반복 훈련에 의하여 강화되어야 하며, 심화학습은 기본이론을 바탕으로 독창적인 문제 해결 능력이 형성되고 난 후에 제공되어야 한다. 빠른 조기교육으로 인하여 지식체계가 수직 형의 구조를 가지면 응용문제에 쉽게 무너지고 계산기능이 약화되므로 심화과정의 문제를 해결할 수 있는 능력을 상실하게 된다. 이는 수학적 논리력과 사고력 향상에 큰 장애 요인이 될 수도 있다.

이것은 집을 설계하는 원리와 동일하다. 집을 설계할 때는 기초부터 설계하고 기둥을 세우고 난 후에 지붕을 설계하여야 한다. 그러나 지붕부터 설계하면 그 집은 무너지고 만다.

09_조기교육을 할 수 있는 적절한 시기는 중학교 2학년 겨울방학

수학만이 갖고 있는 특징은 사고 단계의 연속성이다.

따라서 추론 능력과 계산력이 탁월한 학생들에게 도전적인 학습의 장을 제공하는 것은 바람직하다. 예를 들어 고등학교 1학년에서 배우는 수학은 내용의 연속성에서 보면 중학교 3학년에 나오는 내용과 유사한 단원이 많고 심화 단계의 수준으로 볼 수 있다. 그러므로 수학적 재능이 탁월한 학생에게는 중학교 2학년 겨울방학을 이용하여 고등학교 1학년 과정까지 조기교육을 시키면 효과적일 것이다.

10_수학의 승부는 집중력이다.

학교 수업에서 수학의 마지막 단계는 고등학교 3학년 과정을 뜻한다. 이때는 수학의 모든 진도가 거의 종료되고 정리하는 단계로써 주로 복합 문제들을 다룬다. 초등학교부터 진도에 맞추어 학습한 학생들이 갑자기 전 범위에서 출제된 복합 유형의 문제를 직면하면 매우 당황하게 된다. 이것을 극복하는 방법은 집중력이다. 집중력이 약한 학생은 정신이 산만하고 오류를 자주 범하므로 어릴 때부터 집중력을 강화하여 마지막 단계를 대비하여야 한다. 집중력은 가르쳐 주는 것이 아니고 혼자만의 공간에서 자신이 스스로 연마하여야 하며 어린 시절부터 공부하는 방법과 습관을 통해서 길러진다.

08 수학이란 무엇인가?

수학이란 무엇인가에 대한 답은 보는 관점에 따라 사람마다 다를 수 있다. 나는 수학을 공부하고 연구하는 학자로서 학생들에게 다음과 같이 대답한다. 수학은 의미있는 질문을 제시하고 그 질문에 대한 해답을 찾는 학문이다. 여기서 의미 있는 질문을 미술 작품에 비유하면 아름다운 질문을 의미한다. 미술에서 작품이 아름다우면 많은 사람들이 감상하고 나름대로의 의미를 부여한다.

수학도 마찬가지이다. 수학의 질문이 아름다우면 많은 사람들이 관심을 갖고 해답을 연구하며 이 과정에서 다른 질문이 나타나게 되고 여러 가지 의미가 부여된다. 수학의 역사를 보면 천재들은 아름다운 질문을 많이 던진 사람들이다.

대표적인 예가 독일의 천재 수학자 힐베르트이다. 힐베르트는 20세기가 시작되는 문턱인 1900년 파리에서 개최된 세계 수학자 대회의 필드상(수학의 노벨상) 시상식의 초청 강연에서 향후 100년 동안 20세기의 전 수학자들이 연구해야 하는 23개의 문제를 제시하였다. 이 문제들은 수학의 전 분야에 걸쳐 미해결된 문제들 중에서 선정한 것으로 칸토어의 '연속체 가설'과 현재까지 100만 불의 상금이 걸려 있는 '리만 가설' 등이 포함되어 있다. 이때 힐베르트가 제시한 23개의 문제들은 현대수학 공부의 길잡이가 되었다.

그러면 이렇게 의미 있는 질문들은 어떻게 나오는 것일까? 가장 기초적인 수학 내용을 갖고 아름답고 의미 있는 질문을 만들어 보자. 다각형의 면적은 삼각형의 면적들의 합으로 표시되고 삼각형의 면적은 직사각형 면적의 반이 되도록 작도할 수 있다.

직사각형의 구적 : 직사각형과 같은 넓이를 가지는 정사각형을 컴퍼스와 자 만을 사용하여 작도할 수 있을까?

먼저 이 의문에 대한 의미를 살펴보기 위하여 직사각형의 면적을 k라 하고 정사각형의 한 변을 x라 하면 이 문제는 $x^2 = k$가 되는 x를 작도하는 문제이다. 이것은 이차방정식의 가장 간단한 형태이며 그 해는 제곱근이 된다. 그리고 구하는 정사각형의 한 변 x에 관한 작도는 직사각형의 면적에 의하여 정의되는 무리수의 크기를 수직선상에 그리는 문제가 되는 것이다. 즉, 이들 무리수의 존재와 크기를 눈으로 확인시켜 주는 작업이다. 그것은 유클리드 〈원론〉 2권에서 피타고라스 정리를 사용하여 아래와 같이 증명되어 있으나 이전에 이미 알려진 것으로 보인다. 그리고 유클리드가 기원전 300년경의 사람으로 추정되므로 그 시대에서 이 문제가 갖는 의미는 실로 엄청난 것이었다.

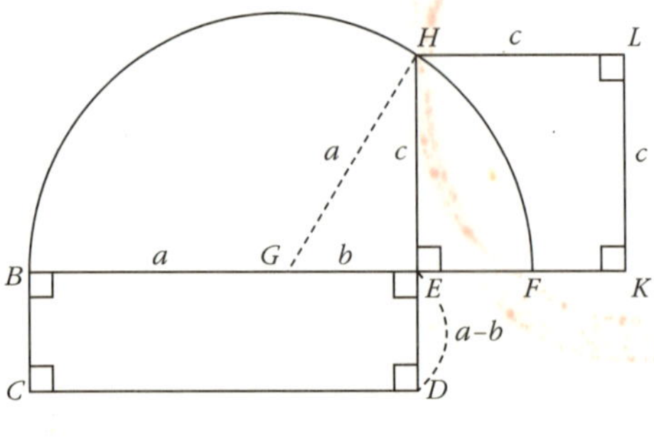

이 문제는 그리스 수학자들이 많이 연구한 구적법에 관한 문제로 우리에게는 '직사각형의 구적'으로 알려져 있다. 그러면 이 직사각형의 구적과 관련하여 유사한 질문을

다시 해보자. 이것은 '3대 작도 문제' 중의 하나인 '원적'의 문제이다.

원적 : 주어진 원과 동일한 넓이를 갖는 정사각형을 컴퍼스와 자만 사용하여 작도할 수 있을까?

원적에 대한 문제를 지금의 기호를 사용하여 설명하면 $\pi r^2 = x^2$의 방정식의 해인 $x = \sqrt{\pi}r$을 작도하는 문제이다. 수학사를 보면 원주율의 추정치를 구하기 위한 수학자들의 노력은 고대수학자 아르키메데스부터 뉴턴에 이르기까지 2000년 이상 계속되었다. 이해를 돕기 위하여 아르키메데스의 생각을 간단히 살펴보자.

고대 수학자들은 원의 종류와 관계없이 원주와 지름 사이의 비는 항상 일정하다는 것을 알고 있었다. 먼저 원 안에 내접하는 정육각형을 그리고 원의 중심에서 정육각형의 꼭지점을 연결한다. 그러면 정육각형은 6개의 정삼각형으로 나누어지고 정육각형의 둘레는 반지름의 6배가 된다. 따라서 원주의 길이는 지름의 3배보다 조금 크므로 π의 값은 3보다 크게 된다.

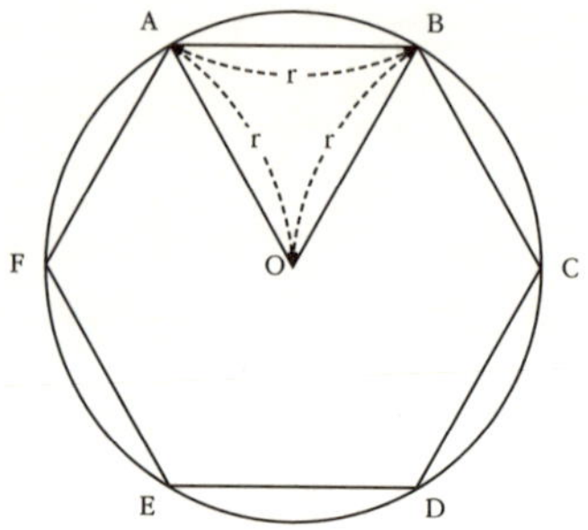

아르키메데스는 또 다시 아래의 그림에서와 같이 반지름을 1로 두고 정육각형의 변을 계속해서 이등분하여 원에 내접하는 정96각형까지 계산하여 $\pi > 3\frac{10}{71}$을 얻는다. 그리고 그는 다시 원에 외접하는 정96각형을 생각하여 $\pi < 3\frac{1}{7}$을 얻는다. 이러한 아르키메데스의 결과는

$$3.140845\ldots < \pi < 3.142857\ldots$$

가 된다는 사실을 알 수 있고, 이것을 소수 둘째 자리까지 표현하면 $\pi = 3.14$가 된다. 그 당시의 수학으로 볼 때 이것은 아르키메데스의 천재성을 보여 주고 있는 것이다.

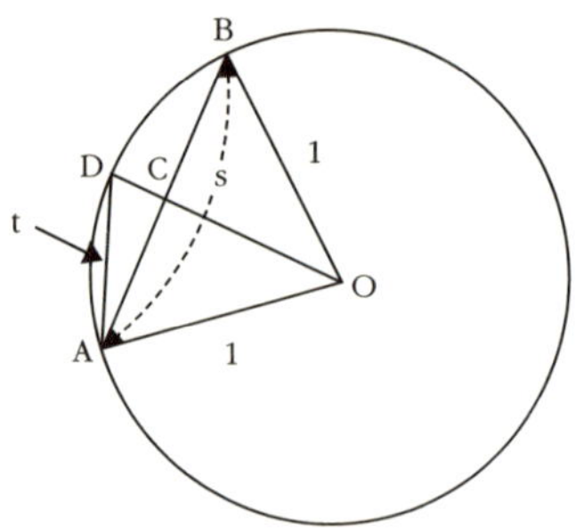

$$t = \sqrt{2 - \sqrt{4 - s^2}}$$

고대 수학자들의 이러한 노력에도 불구하고 원주율의 정체는 모호하기만 하였고 원적에 대한 문제 해결은 진척을 보지 못하고 있었다. 그러나 수학의 천재들은 대단한 능력을 발휘하였다. 1767년 람베르트가 π는 무리수임을 증명하고 1882년 린데만이 π는 어떠한 대수방정식의 해가 되지 않는 초월수임을 밝혔다. 이 사실로부터 원적의 문제는 작도가 불가능함이 증명되면서 해결되었다. 이처럼 아주 평범하게 보이는 의문이 수학의 발전에 상상할 수 없는 기여를 하였으며, 이 문제를 해결하는 데 실로 엄청난 세월이 걸린 것이다.

마지막으로 삼각형의 면적에 대한 질문을 만들어 보자. 삼각형의 면적은 밑변×높이÷2가 됨은 누구나 알고 있다. 여기서 높이는 밑변과 수직이 되어야 한다. 일반적으로 삼각형의 넓이를 구하려고 할 때는 높이가 주어져 있지 않기 때문에 위의 공식은 소용이 없다. 따라서 우리는 다음과 같은 질문을 생각해 볼 수 있다.

질문 : 삼각형의 넓이를 세 변의 길이로 나타낼 수 있겠는가?

이 질문의 답은 헤론이 지금부터 약 2000년 전에 그의 저서 〈측정론〉(Metrica)에서 증명한 것으로 현재 고등학교 교과서에 나오는 '헤론의 공식' 이다. 즉, 삼각형의 세 변의 길이를 a, b, c라 하고 $s = \frac{1}{2}(a+b+c)$라 하면 면적은 $\sqrt{s(s-a)(s-b)(s-c)}$ 이다.

여기서 주목할 점은 직각삼각형인 경우에 빗변을 a라 하면 밑변과 높이는 다른 두 변인 b, c가 되어 삼각형의 넓이는 $\frac{1}{2}bc$가 된다는 사실이다.

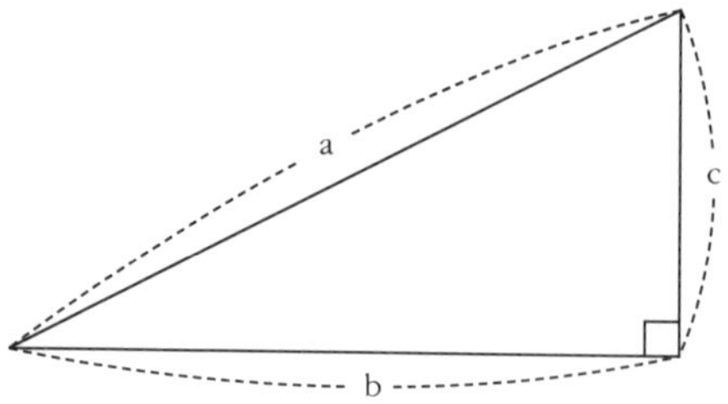

이것을 헤론이 구한 삼각형의 면적과 같게 두면

$$\frac{1}{2}bc = \sqrt{s(s-a)(s-b)(s-c)}$$

을 얻는다. 그리고 $s = \frac{1}{2}(a+b+c)$을 대입하고 양변을 제곱하여 간추리면 $(b^2+c^2-a^2)^2=0$이 되어 평면상에서 거리에 대한 측도를 제공하는 피타고라스 정리 $a^2=b^2+c^2$을 얻는다. 다시 말하면 헤론의 공식으로부터 고대 수학의 가장 위대한 발견인 피타고라스 정리가 유도되는 것이다. 이것 또한 놀라운 발견인 것이다.

지금까지의 내용을 정리하여 보면 위에서 제시한 세 가지 질문들은 초등학생들도 생각 할 수 있는 질문들이다. 그러나 이 질문들은 해답을 찾는 과정에서 우리가 상상할 수 없는 큰 의미들을 갖게 된다. 이러한 질문들이 아름답고 의미 있는 질문인 것이다. 그러면 이러한 질문들을 초등학생이 하는 경우와 어떠한 차이가 있는지 살펴보자.

바둑에서 고수는 한 점을 놓을 때 10수 앞을 내다보고 놓는다. 그러나 하수는 2수 앞도 겨우 본다. 다행이 고수와 하수가 놓고자 하는 위치가 일치하였다 하더라도 바둑이 진행되는 동안 그 의미는 엄청난 차이를 낸다.

수학도 다를 바가 없다. 초등학생과 천재의 질문은 일치할 수 있다. 일반적으로 초등학생의 질문은 단순한 의문에 불과하다. 그러나 천재의 질문은 같은 질문이라 하더라도 이 질문이 갖고 있는 여러 가지 의미를 예측하고 제시하는 것이다. 때로는 너무나 아름다운 의미를 많이 내포하고 있어서, 그 의미를 완전히 이해하는 데 2000년 이상의 세월이 소요되기도 한다. 수학의 역사는 이렇게 의미 있고 아름다운 질문들에 의하여 발전하여 왔다. 이것이 수학이다. 만약에 인간의 두뇌에서 의문에 대한 질문의 기능이 없었다면 수학은 존재하지 않았을 것이다.

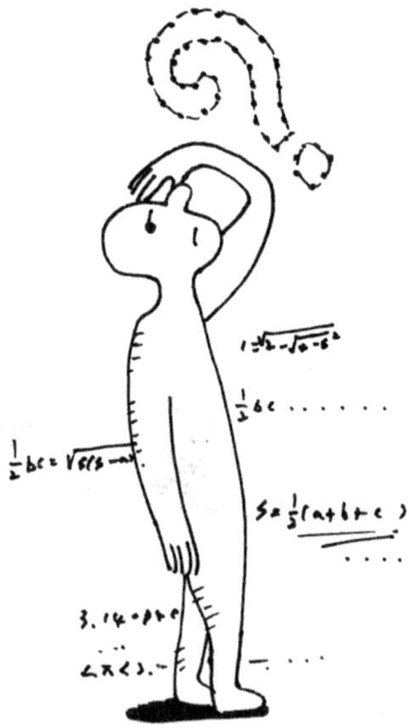

수학적 사고와 관점의 전환

수학을 올바르게 이해하려면 먼저 철학자들이 사고한 관점의 차이를 명확히 이해해야 한다. 이러한 사실은 고대 사회의 탈레스에서부터 많은 천재 수학자들이 철학자라는 점에서도 잘 알 수 있다. 따라서 수학적 사고를 이야기하기 전에 철학자들의 사고에서 수학자가 받아들일 수 있는 관점의 차이와 관점의 전환에 관하여 알아보자.

철학자 니체는 그의 저서 Anti-christian(기독교 반대주의자)에서 "신은 죽었다"라고 주장하였다. 우리가 세부적인 책의 내용을 읽지 않고 문장 그대로 이 글의 뜻을 생각하면 기독교인과 비기독교인 사이에는 해석에 상당한 관점의 차이가 있을 것이다. 과연 니체는 기독교 자체를 부인하고 싫어한 것인가? 혹은 그가 살았던 시대적 상황에서 볼 때 교회와 기독교인들이 행하였던 여러 가지 일들이 성경과는 위배되기 때문에 경종의 메시지를 전한 것인가? 또는 사고 자체를 완전히 바꾸어 생각해 보면, 니체는 진정으로 기독교를 사랑한 것 아닌가? 이것이 관점의 차이이다.

다음으로 관점의 전환에 관한 예를 살펴보기 위하여 "하늘은 푸르다"라는 명제를 생각하여 보자. 이 명제는 인간에게는 분명히 참인 명제이다. 그러나 집에서 키우는 강아지의 눈에도 푸르게 보일 것인가? 만약 그렇지 않다면 하늘을 구성하는 본질적인 물질은 무엇이며 하늘을 어떻게 정의하고 규명하여야 할 것인가?

철학에서 이러한 관점의 차이와 전환은 수학을 올바르게 이해하는 데 있어서 필수적인 사고이다. 철학에서와 같이 수학에서 관점의 전환을 시도한 예를 들면 비유클리드 기하학의 탄생을 들 수 있다.

유클리드 기하는 고등학교 교과서에서 공간기하로 소개되어 있다. 이는 5개의 자명한 사실을 공준으로 증명 없이 전제하고 이론이 전개된다. 예를 들어 중학교 교과서에서 삼각형의 내각의 합이 180도 임을 밝히는 증명을 보면, 한 꼭지점에서 마주보는 변에 평행인 직선을 그어 이 평행선에서 생기는 동위각과 엇각의 크기가 같다는 사실을 사용하여 증명한다.

사람들은 평행선을 그을 수 있다는 사실에 대하여 아무도 의심하지 않는다. 이것은 증명하는 사실이 아니고 항상 참(true)으로 받아들이는 공준인 것이며 이를 평행선의 공준이라 한다. 그런데 평행선은 항상 그을 수 있는 것인가?

이제 우리는 지구와 같은 모형인 구면을 생각하여 보자. 구면상에서 두 점을 택하면 두 점을 잇는 선분은 최단거리가 되고, 이것은 구의 중심을 원의 중심으로 하는 대원을 따라 가야 한다. 그리고 선분의 연장이 직선이므로 구면상에서 직선들은 대원 밖에 없고 임의의 두 직선은 항상 두 점에서 만난다. 따라서 구면상에서는 평행선이 없고 평행선의 공준은 성립하지 않는 것이다. 이것이 비유클리드 기하학의 시작이다. 비유클리드 기하학에서는 "삼각형의 내각의 합은 180도이다"는 참이 아니다. 180도보다 작을 수도 있고 클 수도 있다. 이는 수학적 사고에 대한 관점의 전환에서 비롯된 것이다.

수학자들이 공간기하를 유클리드 기하학이라 부르는 이유는 유클리드가 집필한 13권의 책 '원론'에 기초를 두고 있기 때문이다. 이 책은 성경 다음으로 많이 읽고 인용된 책으로 유명하다.

또 한 가지는 해석에 있어서 논리의 모순성이다. 이는 기원전 5세기경에 엘레아학파의 제논이 만든 네 개의 역설에 의하여 제기되었다. 우리가 화살을 쏘면 화살은 당기는 지점과 과녁까지의 중점인 이분점을 지난다. 그리고 그 화살은 다시 이분점에서 과녁까지의 중점인 사분점을 다시 지난다. 이를 계속하면 화살은 무수히 많은 중점을 지나야하고 이러한 중점들은 끝이 없으므로 결국 화살은 과녁에 도달하지 않는다는 결론에 귀착한다. 이를 수학에서는 '제논의 역설'이라 한다.

제논의 역설은 시간들을 무한히 잘게 쪼개는 것과 관련하여 많은 해설이 주어졌다. 이것들은 관점의 차이는 있지만 매우 적은 양들도 무한히 더하면 무한히 크고 크기가 0인 무한 개의 합은 0이라는 직관적 믿음에 도전한 것이었다. 이 패러독스는 1을 무한급수로 분할하는 것으로 표현된다. 이것에 대한 논란은 지금의 수학으로 생각하면 고등학생조차도 초항이 $\frac{1}{2}$이고 공비가 $\frac{1}{2}$ 인 무한등비급수로 풀 수 있게 된 것이다.

이와 같이 수학적 사고에서 관점의 전환은 우리가 항상 참이라고 믿고 있는 명백한 사실도 전체 공간에 대한 모형의 선택에 따라서 거짓이 될 수 있다는 것을 보여주고 있다. 그러므로 올바른 수학적 사고는 기존에 의심 없이 받아들이고 믿어온 사실들에 대하여 다시 질문하고 검증해 보는 관점의 전환을 갖는 자세가 필요하다. 수학을 공부하는 학생들이 공식을 암기하고 해답지의 풀이 방법을 모방하여 학습하면 수학적 사고에 필요한 관점의 전환은 불가능하다.

과학의 역사에 있어서도 마찬가지이다. 모든 사람들이 자명하다고 생각하는 사실을 부정해 보고 자신에게 의문을 던지는 엉뚱한 생각이 위대한 과학자를 탄생시킨다. 사과가 나무에서 떨어질 때 왜 위에서 아래로 떨어지는가에 대한 의문의 답이 '만유인력'을 발견하게 된 계기인 것이다. 따라서 창의적 사고는 누구나 인정하는 명쾌한 사고일 수도 있지만 때로는 바보들과 같은 엉뚱한 사고에서 시작되기도 한다. 천재들은 관념의 틀을 깨고 관점의 전환을 하였다는 사실을 명심해야 할 것이다.

09 정리와 증명에 관한 이해

수학의 내용은 크게 정의(definition), 정리(theorem), 예(example)의 세 가지로 나누어진다. 수학에서 공부하는 내용들은 주로 '정의'의 바탕위에서 '정리'를 증명하고 예를 살펴본다. 그러므로 수학의 중심 내용은 정리가 된다고 할 수 있다. 그러나 수학문제들은 정리의 증명보다는 정리의 내용을 응용한 구체적인 예에 중점을 두고 출제되는 경우가 많다. 따라서 학생들은 정리의 증명과정보다는 정리의 내용을 암기하고 예제들을 중심으로 공부하는 경향이 있다. 이것은 매우 잘못된 방법이다. 왜냐하면 정리를 증명하는 방법론을 이해하지 못하면 이를 응용한 문제들에 대한 풀이는 더욱 힘들어지기 때문이다. 지금부터 수학적 성질을 유추하여 정리를 만드는 과정과 이를 증명하는 방법에 대하여 살펴보자.

수학적 성질을 유추하는 일반적인 방법은 먼저 직관적 사고에 의하여 다양한 예를 조사한 다음 이 예들이 만족하는 공통된 성질을 찾아내어 가설을 설정한다. 다음은 이 가설을 연역적인 방법에 의하여 증명하고 '정리'를 만들게 된다. '정리'가 만들어지면 기존에 알려져 있는 다른 성질과의 관계를 사용하여 정리의 응용을 조사하게 되는데, 이것을 수학에서는 '따름 정리'(corollary)로 제시하게 된다. 이해를 돕기 위하여 평행사변형의 면적에 관한 아래의 예를 보면서 정리와 증명에 관한 사고 단계를 조사하여 보자.

초등학교에서는 아래 그림에 제시된 평행사변형 ABCD의 면적을 구하기 위하여 삼각형 ABC를 오려내어 삼각형 DCF에 붙이는 직관적인 방법을 사용한다.

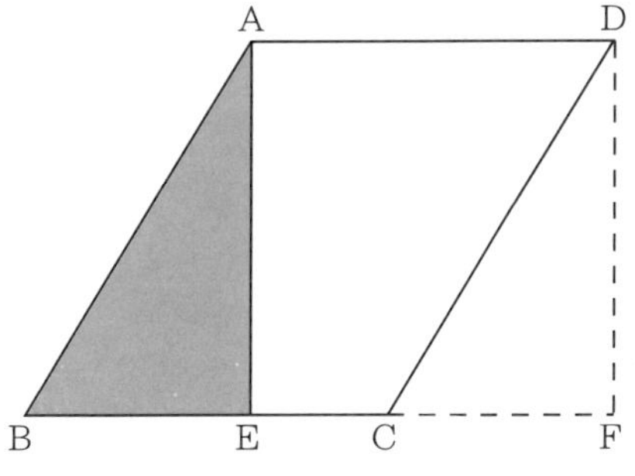

이것으로부터 우리는 다음과 같은 가설을 세울 수 있다.

[가설] 평행사변형의 면적은 "밑변×높이"이다.

이것을 정리로 적지 않고 가설로 설정한 이유는 아래에 제시하는 또 다른 형태의 평행사변형은 위에서 제시한 오려붙이기를 사용하여 증명할 수 없기 때문이다.

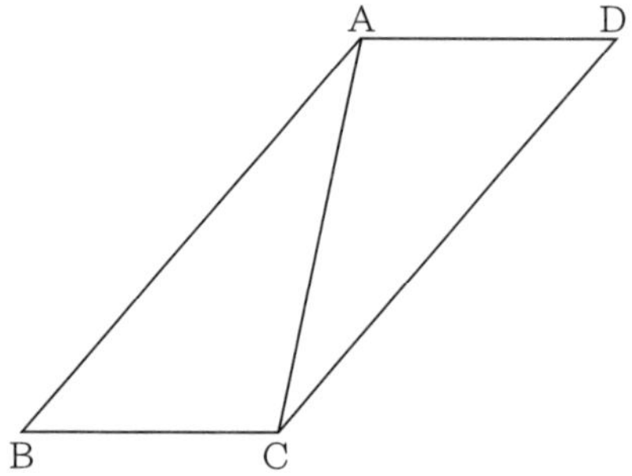

이제 위의 가설을 증명하는 연역적인 방법을 알아보자. 평행사변형 ABCD의 한 대각선 AC를 연결하면 마주보는 대변의 길이가 같으므로(즉, BC=AD)이 평행사변형은 면적이 같은 두 개의 삼각형 ABC와 ADC로 나누어진다. 한편 삼각형의 면적은 밑변×높이÷2가 되므로 위의 가설은 증명이 되고 가설은 정리로 바뀌게 된다.

그러면 높이는 어떻게 구하는 것일까? 중학교 3학년에서 학습하는 삼각함수를 사용하여 아래 삼각형의 높이를 구하면 $a\sin\theta$가 되므로 그 면적은 $\frac{1}{2}ab\sin\theta$가 된다.

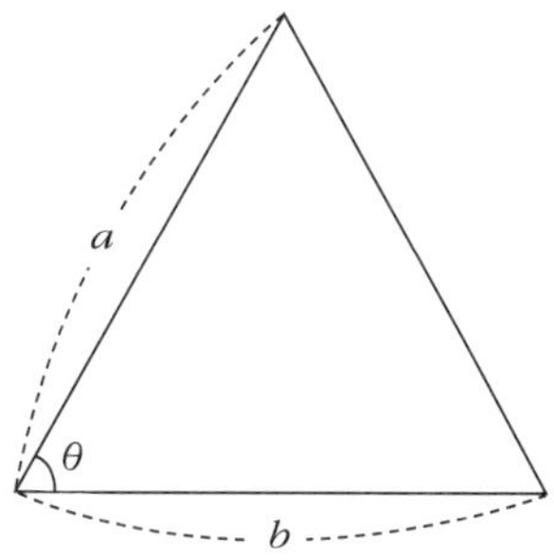

한편 평행사변형은 마주보는 대변의 길이와 대각의 크기가 같으므로 위의 사실로부터 아래의 따름 정리를 얻는다.

[따름 정리] 아래에 주어진 평행사변형의 면적은 $ab\sin\theta$ 이다.

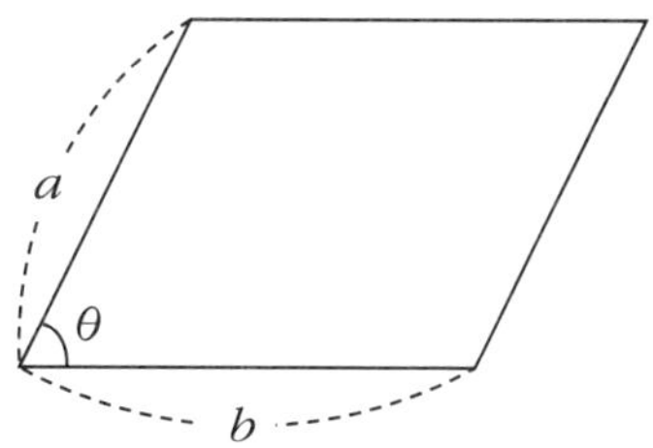

이와 같이 정리들을 유추해 가는 과정은 수학의 새로운 성질을 찾아내는 데 매우 중요한 역할을 한다. 이것은 정리를 증명하는 방법론을 명확하게 이해하여야 가능하다. 이해를 돕기 위하여 무한등비급수의 합을 구하는 원리를 사용하여 새로운 정리를 만들어 보자.

고등학교 교과서에는 초항이 a이고 공비가 r인 무한등비급수의 합은 $|r|<1$일 때

$$\frac{a}{1-r}$$

이며 그 증명은 등비수열에 대한 유한합의 극한으로 소개되어 있다. 그러나 무한에 대한 극한개념은 이해하기가 어려우며 대부분의 고등학생들은 무한등비급수의 합을 공식으로 암기하고 있다. 따라서 극한(limit)개념을 사용하지 않고 수학의 천재인 가우스의 방법을 사용하여 증명하면 아래와 같다. 급수가 수렴하는 범위에서 구하고자 하는 무한등비급수의 합을 S라 두면,

$$S = a + ar + ar^2 + ar^3 + \cdots$$
$$rS = \quad ar + ar^2 + ar^3 + \cdots$$

이므로 위의 식에서 아래의 식을 빼면 $(1-r)S = a$가 되어 증명된다. 이것은 결과도 중요하지만 증명의 방법론은 보다 중요하다. 왜냐하면 $a = 1$, $r = \frac{1}{2}$로 두고 위의 방법을 계속하여 보자.

$$\frac{1}{2}+(\frac{1}{2})^2+(\frac{1}{2})^3+\cdots=1$$
$$(\frac{1}{2})^2+(\frac{1}{2})^3+\cdots=\frac{1}{2}$$
$$(\frac{1}{2})^3+\cdots=(\frac{1}{2})^2$$
$$\vdots$$

이제 이 식들을 모두 합하면 다음과 같다.

$$\frac{1}{2}+\frac{2}{2^2}+\frac{3}{2^3}+\cdots=1+\frac{1}{2}+\frac{1}{2^2}+\cdots$$

이 식을 수학에서 사용하는 Σ기호를 사용하여 표현하면 아래의 정리가 만들어 진다.

[정리] $\sum_{n=0}^{\infty}\frac{n}{2^n}=\sum_{n=0}^{\infty}\frac{1}{2^n}$

위의 정리는 증명과정 없이 정리의 내용만 살펴보면 이해하기가 매우 어렵다. 또한 이해하였다 하더라도 정리의 좌변에서 $\frac{1}{2^n}$을 n배하여 더한 합이 우변과 같다는 사실은 믿기지 않으며 모순이 있다고 생각하기 쉽다. 그러나 위에서 살펴본 바와 같이 무한등비급수의 합을 구하는 간단한 원리만 알면 이 정리의 증명은 매우 단순하며 쉽다는 것을 알게 되고 정리의 내용도 명확하게 이해하게 된다.

따라서 수학에서 학습하는 정리들은 그 증명과정을 잘 이해해야 하며 증명을 하는 데 결정적인 역할을 한 아이디어가 무엇인지를 파악하여야 한다. 이러한 수학적 아이디어들이 모이게 되면 증명의 방법론을 형성하게 되고 수학공부의 큰 힘이 된다.

마지막으로 정리의 내용에 대한 의미를 이해하는 방법을 살펴보자. 학생들이 수학을 공부할 때, 정리의 내용과 증명과정을 이해하고 나면 곧바로 문제를 풀이한다. 그러나 정리가 뜻하는 의미를 충분히 이해하지 못하면 문제가 요구하는 답을 구하지 못하고 풀이방법은 해답에 의존하게 된다. 이러한 문제점을 예방하기 위해서는 정리에 대한 증명과정을 학습하기 전에 정리의 내용을 만족하는 다양한 예를 먼저 살펴보는 학습습관을 가져야 한다. 이것은 정리에 대한 응용문제를 풀이하는 경우에도 반드시 필요하다. 또한, 증명을 하기 전에 다양한 예를 먼저 살펴보면 증명과정도 쉽게 이해된다. 왜냐하면 정리에 대한 예를 구성하는 과정에서 증명에 대한 방법이 자연스럽게 유도되기 때문이다.

정리와 증명을 이와 같은 방법으로 학습하면 논리력과

사고력이 신장되며 수학이 재미있어진다. 그러나 정리를 공식으로 암기하고 응용문제들을 접하게 되면 문제를 해결하기 위하여 사고해야 하는 증명방법과 순서를 찾지 못하게 된다. 올바른 수학공부는 정리와 증명에 대한 이해가 단계별로 정립되고 증명의 방법론을 소화해야 하며 이미 잘 알려진 다른 성질들과 결합하여 여러 가지 응용들을 사고할 수 있도록 지도해야 한다.

10 수학의 무기와 전술

수학에서 문제를 풀이하는 과정은 군대가 적과 싸울 때 전술을 구사하는 방법과 비슷하다. 그리고 수학교사가 학생을 지도하는 방법은 의사가 환자를 치료하는 과정과 유사한 점이 많다. 수학문제들은 풀이과정에서 여러 가지 방법들을 필요로 하고 있으며 이는 전쟁에서 무기에 해당된다. 전쟁을 할 때 무기의 종류가 많으면 다양한 전술을 구사할 수 있기 때문에 모든 면에서 유리하다.

적과 전투할 때 적군이 두 명 내지 세 명 발견되면 소총을 사용하고 50명 정도 발견되면 기관단총을 사용하며 100명 이상 발견되면 대포를 함께 사용한다. 수학도 마찬가지이다. 적군이 몇 명 되지 않는 쉬운 문제들은 소총을 사용하는 방법을 써야 한다. 대포만 사용한다든지 또는 소총만 사용하여서는 전쟁에 이길 수 없으며 주어진 무기를 다양하게 사용하는 전법을 써야 이길 수 있다.

예를 들어 곡선 상의 한 점에서 접선을 구하는 방법을 생각하여 보자. 접선은 직선이므로 기울기와 y절편을 구하면 된다. 중학교에서는 접점이 주어지고 기울기가 m인 접선의 방정식은 $y=mx+b$로 두고 접점을 대입하여 y절편인 b를 구한다. 고등학교 1학년 도형 단원에서는 원과 타원에 접하는 접선을 구하는 방법으로 기울기 m만 주어지고 접점은 주어지지 않는다. 이 경우는 $y=mx+b$를 곡선에 대입한 뒤 판별식을 이용하여 b의 값을 구한다. 이와는 반대의 경우로서 고등학교 수학의 마지막 과정인 수학II에서는 접점이 주어지면 그 점에서의 접선의 기울기를 구하는 방법으로 미분법을 사용한다.

여기서 판별식이나 미분법은 수학의 무기에 해당되며 무기가 다양하면 문제풀이에 대한 전술은 쉬워진다. 그러면 미분법이 발견되기 전에는 접선의 기울기를 어떻게 구하였을까?

미분법은 17세기 영국의 천재수학자 뉴턴이 발견하였

다는 사실은 잘 알려져 있다. 비슷한 시대에 살았지만 뉴턴이 미분법을 발견하기 전에 활동했던 프랑스의 천재수학자 데카르트는 곡선 상의 한 점에 접하는 접선을 구하기 위하여 다음과 같은 방법을 고안하였다.

먼저 x축에 중심을 갖고 주어진 접점을 지나는 원을 생각한다. 그리고 이 원이 주어진 곡선과 접해야 하므로 판별식을 사용하여 원의 중점이 되는 좌표를 구한다. 다음은 접점과 원의 중심을 잇는 직선의 방정식을 구하면 이는 구하고자 하는 접선에 대한 법선의 방정식이 된다. 한편 법선의 기울기와 접선의 기울기의 곱은 항상 –1이므로 접선의 기울기를 얻을 수 있다. 이제 접선의 기울기와 접점을 알고 있으므로 구하고자 하는 접선의 방정식을 찾을 수 있다.

데카르트의 이와 같은 방법은 매우 복잡한 전술에 해당된다. 만약에 미분법을 사용하면 이 문제는 주어진 접점에서 곡선에 대한 미분계수만 구하면 된다. 좋은 무기가 풀이를 쉽게 만드는 것이다. 이러한 이유 때문에 대부분의 부모들은 사교육을 통하여 자녀들에게 선행학습을 제공한다. 좋은 무기를 빨리 제공하면 전쟁을 쉽게 이길 수 있다고 생각하기 때문이다.

전쟁은 그것을 수행하는 과정에서 첨단 무기들의 사용을 필요로 한다. 미사일을 발사하기도 하고 지구 밖의 우주선으로부터 정보를 받기도 한다. 그러나 적을 소탕하는 마지막 단계에서는 반드시 소총을 사용하는 전술이 필요하다. 전쟁은 좋은 무기만으로 하는 것이 아니고 사격술도 필요하고 무기를 효율적으로 사용하는 다양한 전술도 요구된다. 수학공부도 이와 유사하다.

초등학교에서는 기본 계산을 충분히 연마시킨다. 이것은 사격훈련에 해당된다. 중학교에서는 여러 가지 수학적 무기를 만질 수 있는 방법을 학습시킨다. 만약에 이 단계들을 소홀히 하고 조기학습이나 속진학습을 통해 급하게 대포 쏘는 법부터 배운 학생들은 마지막 단계에서 적을 완전히 소탕할 수 없다. 소총에 대한 사격술이 연마되지 않았기 때문이다.

수학의 전술에 관한 예를 살펴보자. 중학교에서 배우는 직교좌표는 (x, y)로 표기하고 좌표평면 위에 한 점으로 나타낸다. 고등학교에서는 삼각함수를 사용하여 $x=r\cos\theta$, $y=r\sin\theta$로 표기하는 극좌표를 배운다. 이러한 내용은 단순한 표기의 차이가 아니고 복소수를 삼각함수들로 바꾸어 생각하게 하는 전술의 다양성을 가르치는 것이다.

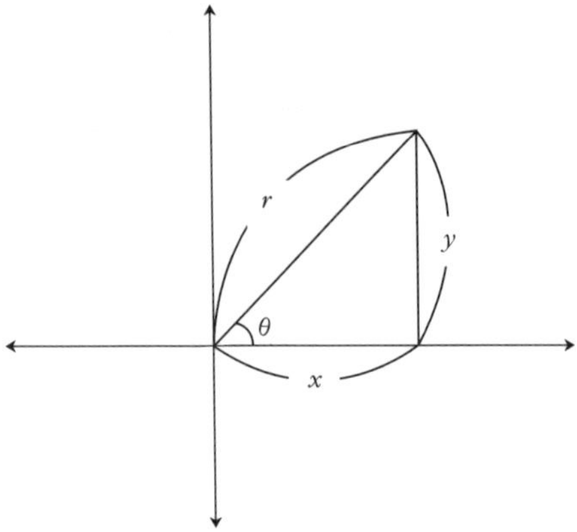

$$r = \sqrt{x^2+y^2},\ \tan\theta = \frac{y}{x},$$

$$z = x+iy = r(\cos\theta + i\sin\theta)$$

이와 같이 직교좌표를 극좌표로 바꾸어 생각하는 것은 삼각함수에서 배운 여러 가지 공식들을 사용할 수 있다는 이점이 있다. 그리고 역으로 직교좌표에서 학습한 사실로부터 삼각함수들의 공식을 유도할 수도 있다. 간단한 예로 중심을 원점으로 하는 원의 방정식 $x^2+y^2=r^2$ 을 극좌표로 바꾸면 삼각함수의 기본 공식인 $\sin^2\theta+\cos^2\theta=1$을 얻는다. 또한 이 과정을 역으로 해석하면 매개 변수들의 자취의 방정식을 구하는 원리가 된다.

수학에서 삼각함수들은 다양한 전술을 제공하며 어려운 증명도 쉽게 할 수 있다. 대표적인 예는 헤론의 공식이다.

헤론은 삼각형의 면적을 세 변의 길이로 표시하였으며, 이 삼각형에 내접하는 원을 그리고 여러 가지 원의 성질을 비롯하여 중학교에서 학습하는 도형의 기본성질만을 사용하여 복잡하게 증명하였다. 그러나 이 공식은 현재 고등학교 교과서에서 삼각함수를 사용하여 쉽게 증명하고 있다.

직교좌표로 표기된 식을 삼각함수로 치환하여 이들의 성질을 사용하는 전술은 고등학교에서 매우 중요하다. 삼각함수로 치환하는 방법은 반드시 극좌표의 원리를 적용할 필요는 없다. 무리함수들에 대한 정적분의 계산을 예로 들어보자. 아래의 적분에서 $x=\cos\theta$(혹은 $x=\sin\theta$)로 치환하면

$$\int_0^1 \sqrt{1-x^2}\,dx = \int_0^{\pi/2} \sin^2\theta\, d\theta = \int_0^{\pi/2} \cos^2\theta\, d\theta$$

이다. 따라서 이 정적분 값은 코사인 2배각 공식을 사용하여 적분하면 얻을 수 있다. 이것을 기하학적인 방법으로 생각하여 보자. 정적분의 값은 양의 값을 갖는 함수에서는 면적을 의미한다. 그러므로 이 적분값은 함수 $\sqrt{1-x^2}$이 원점

을 중심으로 하고 반지름이 1인 x축 위의 반원에 대한 방정식이므로 이 반원의 면적의 $\frac{1}{2}$이 되는 $\frac{\pi}{4}$임을 쉽게 알 수 있다. 다양한 방법론이 다양한 의미를 제공하는 것이다.

따라서 수학에서 문제 풀이를 하기 위해서는 먼저 사용할 무기가 선택되어야 한다. 무기가 선택되고 나면 이들의 효율적인 사용을 위한 전술이 구사되어야 한다. 만약에 이 전술이 직교좌표에서 효율적이지 않다고 판단되면 극좌표를 사용하여 삼각함수를 무기로 바꾸는 전환이 신속하게 이루어져야 한다. 고등학교에서는 이것을 잘 훈련시켜야 한다.

도전과 응전 그리고 갈등

나는 젊은 시절 토인비가 설명한 '도전과 응전'에 대하여 내 나름대로 해석하는 방법을 가지고 있었다. 인생은 끝없는 도전을 받게 되고 그때마다 응전하여 이기면 성공한 인생이 되고, 지면 낙오자가 된다는 것이다. 따라서 우리는 도전에서 항상 이길 수 있는 응전태세를 갖추어야 하며, 이를 위하여 쉬지 않고 부단한 노력으로 실력을 쌓고 연마하여야 한다고 생각하면서 젊은 시절을 보냈다.

그 결과 많은 사람들이 나를 '난 사람'으로 인정해 주었다. 20대에 박사학위를 받았고 26세부터 교수 생활을 시작하였다. 그 시절 나에게 와서 운명론적인 이야기를 하는 학생들을 보면 약자의 변명이고 노력 부족이라고 호통을 치곤했다. 돌이켜보면 그 때는 내가 노력만 하면 내 위주로 세상을 움직일 수 있는 것 같았으며, 만사가 내 눈 아래 있었다.

자신감으로 가득 찬 젊은 시절을 보내고 나이가 들어가면서 처음으로 봉착한 어려움은 날로 복잡해지는 인간관계에서 오는 갈등이었다. 고부간의 갈등, 부자간의 갈등, 동료와의 갈등과 같이 나의 노력만으로 해결되지 않는 것들이 생겨났다.

일반적으로 갈등이 시작되면 항상 상대를 원망하게 된다. 나는 올바르게 행동하는데 상대방에게 문제가 있어 갈등이 생긴다는 논리에 빠져 들게 된다. 그리고 갈등관계에서 이기기 위하여 분노를 강하게 표출하기도 한다. 나 자신도 이 같은 길을 걸어왔다.

얼마 전 목사님의 설교에서, 사람은 지혜롭지 못한 사람, 지혜로운 사람, 지혜를 전하는 사람으로 구분할 수 있다는 말씀을 들었다. 지혜롭지 못한 사람은 갈등 관계에서 자신의 약점을 감추기 위하여 분노를 표출하는 사람이고, 지혜로운 사람은 매사에 자신이 있기에 기다릴 줄 아는 사람이며, 지혜를 전달하는 사람은 무엇을 해야 하는지를 정확히 알고 행하는 사람이라 하였다.

지혜를 전하는 사람은 내가 닿기 어려운 수준이므로 나는 지혜로운 사람, 즉 갈등이 있을 때 기다릴 줄 아는 사람에 대한 말씀을 항상 간직하고 있다. 그 결과 근래에는 가정에서 언성을 높이는 일을 찾아볼 수 없다. 이전에는 자녀들을 자주 야단쳤다. 그러나 다시 생각해 보면 도저히 이해가지 않던 일들이 너무나 선명하게 이해되기 시작한다. 기다리고 있으면 아이들 스스로 잘못된 점을 깨닫는다. 부부 관계에서도 싸울 일이 없다. 서로가 서로를 이해하고 아껴준다. 직장에서는 내 자신을 낮추고 매사를 합리적이고 공정하게 처리하려고 노력한다. 그 결과 후배 교수들이 먼저 나를 존중한다.

나는 정말로 가진 것이 많은 사람이다. 가정에서나 직장에서나 항상 행복하다. 물론 나보다 더 행복한 사람들이 많지만 상대방을 이해하고 배려하려고 노력하다보니 갈등도 줄어들어서 마치 천국에서 살고 있는 것 같은 행복감을 느끼곤 한다.

11 수학에서 깨달은 교만과 겸손

중학교 3학년 수학 교과서에 2차방정식에 대한 근의 공식이 나온다. 그러나 3차방정식의 해법이 있다는 사실을 알고 있는 사람은 수학자 외에는 별로 없다. 수학사에서는 이 3차 방정식의 해법이 나오기까지 복잡한 이야기를 상세하게 설명하고 있다. 그 가운데 페로의 제자 피어와 관련된 이야기를 간단히 소개하겠다.

15세기 후반 콜럼버스가 신대륙을 발견할 당시 르네상스의 진원지였던 이탈리아를 중심으로 방정식의 해를 구하는 문제가 집중적으로 연구되었다. 그 당시는 실력의 자웅을 겨루는 방법으로 도전장을 내어 상대방이 낸 문제를 많이 푼 사람이 이긴다. 수학자 페로는 3차방정식의 해법을 발견하였으나 도전자에게 무기로 사용하기 위하여 논문을 발표하지 않고 간직하다가 제자인 피어에게만 이야기하고 죽었다. 피어는 출중한 수학자가 아님에도 불구하고 그 당시 명성이 높던 타르탈랴에게 이 해법과 관련된 문제 30개를 내어 도전하였다. 타르탈랴는 잠을 자지 않고 이 문제에 매달렸고 마침내 결투일 바로 전에 이 해법을 찾아냈다. 그러나 덜 총명했던 피어는 타르탈랴가 낸 문제를 못풀어 굴복하였고 그 벌로 타르탈랴를 위하여 30일간의 연회를 베풀어야 했다. 그러나 그의 배려로 연회는 생략되어 금전적인 손실은 면하였다.

결론적으로 피어는 응전할 무기도 없이 도전장을 내었는데 이러한 그의 행동은 교만한 것이었고 그것은 우둔함에서 비롯된 것이다. 진정으로 실력 있고 현명한 사람은 겸손을 갖춘 사람이고 상대를 배려할 줄 아는 사람이라는 사실을 이 일화를 통해서 다시 한 번 배울 수 있다.

강의도 마찬 가지이다. 처음 강의를 할 때는 자기 수준에서 강의를 한다. 자기가 알고 있으면 학생도 알고 있어야 한다는 생각으로 가득 차 있기 때문에 듣는 학생은 모두 바보로 보인다. 학생들이 잘 알고 있다면 강의가 왜 필요 한가? 나는 피어와 같은 잘못을 범하지 않기 위하여 수업을 들어 갈 때마다 이 사례를 떠올리며 내가 해야 될 강의 내용을 다시 생각한다.

그리고 타르탈랴가 보여준 행동에서 두 가지를 깨닫는다. 마지막까지 최선을 다하는 자세와 승자의 관용이다. 교만하지 말자. 그러면 깨달음을 얻는다.수학은 교만하면 가르칠 게 없고 겸손하지 않고는 가르칠 수 없다는 사실을 새삼 깨닫는다.

삶의 교훈

아침에 출근을 하면서 교육학과 박 교수를 만났다. 박 교수는 나와는 동갑내기이며 허물없이 지낼 만큼 막연한 사이다. 그는 평생을 두고 타인의 장점만 이야기하지 허물이나 단점을 이야기하지 않는 분으로 학내에 잘 알려져 있다.

출근길에 만난 박 교수는 "얼굴이 아주 좋아 보입니다" 하고 말을 건낸다. 젊을 때는 나의 눈빛에서 날카롭고 정확한 면만 보였는데, 지금은 그 눈빛에서 성숙되고 부드러움을 느낄 수 있어 훨씬 보기 좋다는 것이다. 박 교수만이 할 수 있는 특유의 표현이다. 좀 더 직설적으로 말하면 젊을 때의 눈빛은 깐깐한 느낌이었으나 지금은 조금 겸손한 모습이 어우러져 있다는 뜻일 것이다. 박 교수의 인사말 속에서 내 자신을 비추어 본 것이다.

젊은 시절에는 대화를 할 때 사소한 내용도 사사건건 진위를 가려 옳고 그름을 확실히 하였으나, 얼마 전부터는 대화하는 장소와 상황에 따라 화법을 선별하여 사용하고 있다. 술을 마시거나 회식을 하는 장소에서는 항상 상대편이 듣기 좋은 미담만 이야기한다. 저녁을 먹고 산책을 하는 시간에는 가벼운 주제로 아내와 토론을 하면서 우리 자신을 되돌아보곤 한다. 예를 들면 아래와 같이 중학교 도덕 교과서에 나온 내용을 가지고 토론한 적도 있다.

루소가 자녀교육에 대한 명저인 〈에밀〉을 저술하였지만, 자기 자녀는 잘 키울 수 없다는 이유로 고아원에 보낸 것은 철학과 행동이 이중적인 것이 아닌가? 이런 경우 루소의 철학을 어떻게 평가해야 하는가? 우리는 말과 행동이 어느 정도 일치하고 있는가?

할아버지를 비난한 글을 쓴 김삿갓이 죄책감에서 평생을 가족을 돌보지 않고 방랑자 생활을 한 것은 옳은 행동인가? 우리는 그 시대의 사회적 관습을 어떻게 이해해야 하는가? 오늘날 부모의 역할은 어디까지인가?

매일 아침 8시에 스쿨버스를 타면 언제나 내 단짝인 이 교수가 조용히 미소 지으며 나를 반긴다. 우리는 나지막한 목소리로 학교에 도착할 때까지 여러 가지 주제로 이야기를 나누며 하루를 시작한다. 이야기의 화제는 주로 내가 시작하지만 끝마무리는 언제나 이 교수 몫이다. 매일 아침 그와의 대화를 통해서 삶의 교훈과 지혜를 배우므로, 시작이 즐겁고 힘이 생긴다. 그리고 연구실에 도착하면 내 자신한테 엄격해지려고 노력한다. 수학에 대한 연구는 참과 거짓이 분명해야 한다. 문제가 해결될 때 까지 끈질기게 물고 늘어져야 하기 때문에 '적당히'라는 용어는 수학에서 있을 수 없다.

내가 수학자로서 보다 맑은 사고와 성실한 생활 태도를 갖추게 된 데는 우리 집 가훈이 큰 역할을 하였다. 우리 집 가훈은 퇴임하신 한문교육과 홍우흠 교수님께서 아래와 같이 지어 주셨다.

學而思 誠則明

배우면서 생각하고 성실하면 밝아진다.

지금도 우리 집 거실 한 복판에는 이 글씨가 쓰여진 액자가 언제나 나를 지켜보고 있다. 수학을 공부하는 데 있어서 항상 배움의 자세를 잊지 않고 성실하게 연구하면 좋은 수학자가 된다는 홍 교수님의 가르침이 묻어 있다. 만약에 아버지가 가훈을 지키지 않는다면 이를 지켜보는 아이들이 어떤 생각을 할까? 가훈이 주는 교훈을 다시 한 번 생각하며 수학자로서 남편으로서 아버지로서 후회 없는 삶을 살아갈 것을 다짐한다.

12 수학을 지도하는 방법

자녀들의 공부는 어릴수록 부모의 도움을 많이 받고 고학년이 될수록 부모보다는 여러 가지 형태의 사교육에 의존한다. 일반적으로 사교육은 자녀들의 능력과 재능에 적합한 교육방법을 제공하지 않고 획일적이고 인기 위주의 교육방법을 도입하고 있다. 부모들이 자녀들을 교육할 때에도 어떻게 지도하여야 하며 올바른 지도법은 무엇인지 모르기 때문에 많은 문제점이 생겨나고 있다.

먼저 무엇을 가르쳐야 하는지 살펴보자.

수학을 지도하는 자세는 가르치는 방법에 왕도가 없다는 점을 인식하여야 한다. 특히, 수학은 저학년일수록 지도하기가 더욱 힘들다. 초등학교의 경우 이러한 이유 때문에 저학년은 경력이 많은 교사가, 고학년일수록 젊은 교사들이 담당한다. 그러나 가정에서는 자녀들이 저학년일수록 부모들이 쉽게 가르친다. 이는 부모들이 자녀들의 수준은 의식하지 않고 어른들의 수준에서 잘못 가르치고 있는 것이다.

수학은 자신이 많이 알고 있고 남달리 탁월한 실력을 갖추고 있다고 자만하면 잘못 가르치게 되기 싶다. 왜냐하면 고등학생이 중학생 문제를 보면 쉬워 보이고 중학생이 초등학생 문제를 보면 더 쉬워 보이는 것과 같지만 쉬운 문제를 쉽게 설명하는 것이 어려운 것이다. 그러므로 초등수학과 같이 쉬운 단계에서는 혼자 스스로 탐구할 수 있도록 설명을 자제하여야 한다.

학생들이 중학교에 진학하면 수학을 개념 위주로 지도하여야 한다. 중학교에서 처음 맞이하는 개념은 미지수와 함수에 관한 개념이다. 개념이 충분히 지도되지 않으면 응용과 활용 문제에서 더욱 많은 혼란이 야기되므로 학생들이 수학의 흥미를 잃게 되는 원인이 된다.

고등학교에서는 중학교에서 배운 개념들을 다양한 방

법으로 분석하는 학습을 한다. 함수 개념을 예로 들면 초기 단계에서는 정비례와 반비례에 의하여 직선과 분수함수로 나누어 보여준다. 중학교에서 2차 함수인 포물선까지 학습한 뒤 고등학교에서는 원의 방정식과 관련하여 무리함수를 다루고 지수법칙에 대한 지수함수와 역함수인 로그함수까지 취급한다. 또한 직각삼각형의 세 변의 관계식으로 표시되는 삼각함수는 고등학교 수학의 전 영역에서 중요한 역할을 한다. 따라서 고등학교에서는 풀이 방법의 다양성을 지도해야 한다.

대학에서는 기존에 학습한 내용들을 가지고 논리적 접근 방법으로 다시 지도해야 한다. 예를 들면 실수는 중학교에서 별도로 정의하지 않고 무리수와 유리수의 합집합으로 설명하든지, 소수로 표시되는 수 또는 수직선에 대응되는 수로 설명한다. 그러나 이것으로 실수의 구성을 설명할 수는 없다. 대학에서는 논리적 접근 방법을 통해 데드킨트의 절단(cut)을 사용하여 설명하거나 캔토르가 설명한 유리수로 구성되는 Cauchy 수열들의 동치류로 실수를 구성한다. 이것이 고등학교 수학과의 차이점이다.

다음은 어떻게 가르쳐야 하는지 알아보자. 수학을 바르

게 지도하는 방법으로 가장 중요한 것은 이해하기 쉽게 설명할 수 있어야 한다는 것이다. 어려운 문제를 어렵게 생각하면 수학문제는 영원히 해결할 수 없다. 문제를 쉽게 생각하기 위하여 문제풀이 능력을 키우는 방법을 살펴보자.

첫째, 기호를 사용하여 주어진 문제를 '단순화(simplify)' 하는 능력을 길러야 한다. 이것은 크게 수식화와 기호화로 나누어지며 문제해결의 실마리를 찾는 데 매우 유용하게 사용된다. 몇 가지 예를 들어보자.

예제 1 : 중학교 3학년에서 학습하는 근과 계수와의 관계는 α와 β를 근으로 하는 이차방정식이 주어지면 $a(x-\alpha)(x-\beta)$의 형태로 수식화해야 풀이가 가능하다.

예제 2 : 문제에서 함수 f는 $x = 2$인 점에서 접선의 기울기가 3이라 하면 도함수의 기호를 사용하여 $f'(2) = 3$의 식으로 기호화해야 한다.

둘째, 주어진 가정을 사용하기 위하여 변수 사이의 '관계(relation)' 를 분석하고 이것이 뜻하는 의미를 사고하는 능력을 길러야 한다. 이는 함수 단원과 방정식 및 부등식 단원에서는 특히 중요하다.

예제 : 형은 동생의 돈의 2배보다 500원이 적고 형과 동생의 돈을 합하면 4000원이 된다고 하자. 동생의 돈을 x라 하고 형의 돈을 y라 하면 x와 y의 관계는 $y=2x-500$이므로 $(2x-500)+x=4000$의 방정식을 세워야 한다. 이 방정식이 뜻하는 의미는 두 그래프 $y=2x-500$, $y+x=4000$의 교점의 좌표를 구하는 것이다.

공식에 대한 지도는 학습시킬 내용과 지도 목표를 바르게 이해하고 학생들의 수준을 정확히 파악한 뒤 수준에 맞추어 지도하여야 한다. 이해를 돕기 위하여 원, 타원 포물선 등에 대한 접선의 방정식을 구하는 공식의 예를 들기로 한다.

고등학교 1학년 교과서에는 기울기가 m인 경우, 원에 접하는 접선의 방정식을 구하는 공식이 기술되어 있다. 증명을 살펴보면 접선을 $y=mx+b$라 두고 원의 방정식에 대입한 다음 판별식을 이용하여 공식을 유도한다. 이러한 증명의 원리는 타원이나 포물선에서 접선을 구하는 방법과 동일하다. 교과서의 순서는 공식을 먼저 증명하고 이 공식에 대입하여 여러 가지 예를 설명하고 있다. 그러나 지도하는 입장에서는 학생들의 수준에 따라 다르게 해야 한다. 이 방법은 우수한 학생들의 집단에서는 바람직하지만 일반적인 지도법으로는 옳지 않다. 왜냐하면 숫자가 아닌 문자의 사용은 학생들의 이해를 어렵게 만들기 때문이다.

따라서 먼저 다양한 예를 공식에 대입하지 않고 증명과정을 따라 학습하면, 학생들은 자연스럽게 공식에 대한 증명 방법을 스스로 깨닫게 된다. 이것은 지도의 관점에서 매우 중요하다. 원에서 접선의 방정식을 구하는 방법을 잘 이해하면 바로 다음에 학습하는 타원이나 포물선의 경우는 동일한 증명 방법에 의하여 학생 스스로 할 수 있기 때문이다.

초등수학에서도 마찬가지이다. 사칙연산의 경우, 십진법의 받아 올림과 받아 내림의 원리는 처음에 나타나는 두 자리 수와 한 자리 수의 연산을 충분히 훈련시키면 그 다음 단계부터는 원리가 같기 때문에 쉽게 이해하게 된다.

일반적으로 수학에서의 공식은 이것이 갖는 의미보다는 답을 빨리 구하는 도구로 활용하는 경우가 많다. 이것은 공식에 대한 지도 목표가 잘못 설정되어 있어서 이러한 문제점들이 생겨난다. 가르치는 사람은 공식이나 법칙의 활용보다는 이것이 갖는 의미를 충분히 이해시켜야 한다. 로피

탈(L'Hospital)의 법칙을 예로 들어보자.

로피탈의 법칙은 고등학생들이 극한값을 계산할 때 자주 이용한다. 하지만 학생들은 이 법칙이 뜻하는 진정한 의미를 모르고 사용하는 것 같다. 로피탈의 법칙에 관한 아래의 식을 살펴보자.

$$\lim_{x\to\infty}\frac{x^n}{e^x}=\lim_{x\to\infty}\frac{\log x}{x^n}=0$$

이것은 단순히 극한값이 0임을 보인 예가 아니다. 이 극한값이 뜻하고 있는 의미는 $\frac{\infty}{\infty}$형태의 극한값이 0이 되는 것은 분모의 함수가 분자보다 훨씬 빨리 무한대로 가고 있는 것을 의미하고 있다. 따라서 위의 식은 $x\to\infty$일 때 e^x는 어떤 다항식 보다 무한대로 빨리 가고 있으며 $\log x$는 모든 다항식보다 느리게 무한대로 가는 것을 의미한다. 다시 말하면 x가 무한대로 갈 때 모든 다항식의 증가량은 $\log x$보다 크고 e^x보다 적다. 이것은 x가 무한대로 갈 때 그릴 수 없는 그래프의 개형을 수학적으로 밝힌 것이다. 따라서 우리는 학생들이 규칙이나 법칙을 사용하기 전에 그것이 갖고 있는 의미를 알고 사용하도록 지도해야 한다.

수학을 지도할 때 또 한 가지 중요한 점은 수업에 들어가기 전에 학생들의 선수학습을 분석하여 학생들이 사용할 수 있는 수학적인 도구가 무엇인지 확인하여야 한다. 그리고 다양한 풀이 방법과 풀이 과정을 학생 스스로 찾을 수 있도록 지도전략을 세워야 한다. 만약 학생들이 어려워하는 문제가 있으면 가급적 답까지 풀어주기보다는 풀이 단계를 세부적으로 제시해 주는 것이 바람직하다. 여기에 대한 연구는 수학적 모델링과 관련하여 많이 이루어졌고 현장에서 사용하는 대부분의 지도 방법들 역시 패턴화되어 있는 경우가 많다. 이해를 돕기 위하여 방정식의 응용에 관한 지도 단계를 살펴보자.

방정식의 응용에 대한 지도는 방정식의 풀이 방법에 대한 선수학습을 먼저 확인해야 한다. 연립방정식에 대한 일반적인 풀이 방법은 소거법이나 대입법을 주로 사용하지만 이것이 가지고 있는 의미는 두 직선의 교점의 좌표를 구하는 것이다. 이와 같이 선수학습에서 배운 수학적 도구가 확인되고 나면 다음과 같이 지도 전략을 세운다.

1 단계 : 구하려고 하는 것이 무엇인지 확인하고 가급적 주어진 문제를 그림이나 표로 나타낸다.
2 단계 : 문제와 관련된 방정식을 세우고 변수가 무엇인지 확인한다.

3 단계 : 변수가 2개 이상이면 변수사이의 관계식을 찾아 구하고자 하는 변수 하나로 방정식을 다시 표시한다.

4 단계 : 가정에서 주어진 데이터를 대입하고 방정식을 풀이하여 구하고자 하는 답을 구한다.

주의할 점은 위의 네 가지 단계가 방정식의 응용에 관한 모든 문제에 적용되는 것은 아니라는 것이다. 특히 2차 방정식의 응용에 관한 문제는 최대 또는 최소값에 대한 최적화 문제가 많이 다루어진다. 이 경우는 위에서 제시한 네 가지 단계 외에 2차 함수의 꼭지점의 좌표가 뜻하는 의미를 충분히 이해시키는 단계가 설정되어야 한다. 즉, 패턴화되어 있는 지도 방법은 수학적 의미를 지도하기에는 부적합하다는 점을 인식해야 하는 것이다.

마지막으로 본인의 능력으로 가르치려고 하지 말고 학생의 능력을 믿어야한다. 학생의 능력을 믿지 않으면 설명을 많이 하게 되지만 능력을 믿으면 질문을 많이 하게 되고 사고를 교정시켜 주는 발문학습을 하게 된다. 이것은 수학을 지도하는 방법에서 가장 중요한 것이며 교사와 부모는 이 점을 명심하여야 한다.

처음부터 다시 시작할 수 있다면

올해로 대학에서 강의한 지 25년이 된다. 그리고 나이가 쉰 살을 넘었다. 학생들을 가르치는 것은 항상 조심스럽고 어려운 일임을 최근 다시 한 번 깨달았다. 젊은 시절에는 강의가 제일 쉽고 논문 쓰는 것이 가장 어렵다고 생각하였다. 강의는 내가 알고 있는 지식을 학생에게 전달하면 되지만 연구는 모르는 진리를 탐구해야 하기 때문이다. 물론 대학 교수에게 연구가 어려운 일인 것은 분명한 사실이다. 그러나 강의는 하면 할수록 경험이 쌓여 훨씬 쉬워질 것 같지만, 이와는 반대로 준비하는 데 보다 더 신중하게 된다.

어려운 수학을 학생 수준에 맞추어 쉽게 설명하고, 수식이 내포하고 있는 의미를 이해시키는 일은 단순히 내가 알고 있다는 사실 하나만으로 전달할 수 있는 것이 아니다. 이것은 그 사실이 증명되기까지의 역사적 배경과 증명한 사람의 아이디어를 충분히 인식해야 가능하다.

수학의 천재들 가운데 가장 강의를 잘 한 학자로 독일의 와이어스트라스(Weierstrass)를 꼽을 수 있고, 강의를 못한 학자로 영국의 과학자이면서 수학자인 뉴턴을 들 수 있다. 와이어스트라스는 젊은 시절 경영학과 법학을 전공하였다. 그는 중등학교 교사를 하다가 40세부터 대학에서 수학을 연구하기 시작하였으며 50세가 넘어서 베를린 대학 교수로 부임하였다. 그는 중등학교 교사 시절의 경험이 강의에 많은 영향을 주었다고 이야기한다. 뉴턴은 24세에 고등학교 수학교과서에 잘 알려진 미분 및 적분법을 고안하였다. 그러나 뉴턴은 자기 수준에서 강의를 하였기에 케임브리지대학 교수 시절에는 강의실에 학생이 없을 때도 있어서 강의실 벽을 보고 혼자 강의를 하곤 하였다고 한다. 이것은 실력이 없는 교수는 명 강의를 할 수 없지만, 실력이 있다고 반드시 강의를 잘 하는 것이 아니라는 사실을 보여주고 있다.

요즘 나는 강의 준비에 많은 시간을 보낸다. 왜냐하면 내가 가르친 학생 중에서 금세기의 천재 수학자가 나오기를 소망하는 나의 꿈을 버리고 싶지 않기 때문이다. 이를 위하여 수학의 천재들이 보여준 보물과 같은 방법론들을 다시 살펴보고, 학생들이 쉽게 이해할 수 있도록 전달하기 위해 노력한다. 시간을 되돌릴 수 있다면 내가 배출한 모든 졸업생에게 다시 강의하고 싶다.

자녀들에 대한 아버지의 역할도 마찬가지다. 맏아들이 어릴 때만 하여도 나는 열심히 노력하여 좋은 환경을 제공해 주고 금전적으로 걱정이 없는 가정을 만들어 가면 가장으로서, 아버지로서 역할을 다 하는 것이라고 생각하였다. 그런데 지금 다시 생각해 보니 아이들이 아버지와 대화하고 싶을 때 나는 일을 핑계로 항상 밖에 있었고 가족과 함께 하지 않고 동료나 친구들과 즐거운 시간을 보냈다. 시간을 되돌릴 수만 있다면 아이들이 아빠를 필요로 하는 시간에 아이들의 손을 잡아주는 따뜻한 친구가 되어 주고 싶다. 또한 이제부터라도 아버지의 흐트러진 모습이나 단정하지 못한 외모를 아이들에게 보여주고 싶지 않다.

아이들이 깨기 전인 7시에 일어나서, 샤워를 하고 단정한 모습으로 녹차를 마시면서 그 날 해야 할 강의 내용을 다시 한 번 생각한다. 학생들이 내 강의를 듣고 보람을 느끼길 바라는 마음으로 점심 도시락을 준비하여 스쿨버스를 탄다. 학교에 도착하면 강의시간 외에는 연구실에서 책을 본다. 혼자만의 공간에서 조용히 사색할 수 있는 시간을 허락해 준 주위의 모든 분들께 감사한다.

아내는 내가 거의 성직자 수준으로 생활을 한다고 매일 좋아한다. 그러나 옛날부터 나를 알던 사람들은 인생관이 바뀐 것 같다고 야단이다. 예전에는 성직자만이 할 수 있다고 생각한 일들이 이렇게 사색의 즐거움을 가져다 줄 수 있다는 사실을 이제야 깨닫게 된 것을 뼈저리게 후회한다. 시간을 되돌릴 수만 있다면 처음부터 규칙적인 생활을 할 것이다. 학생들에게는 보다 좋은 스승으로, 아이들에게는 훌륭한 아버지로, 아내에게는 다정한 친구로 함께 할 것이다.

많은 학부모들도 같은 심정일 것이다. 처음부터 자녀들을 다시 교육한다면 이제는 올바르게 키울 수 있다고 대부분의 부모들이 생각하고 있을 것이다. 시행착오로 인한 후회는 두 번 다시 반복하지 말아야 한다. 지금부터라도 늦지 않다. 항상 우리 자신을 반성하고 최선을 다하여 자녀들을 교육하면 반드시 좋은 결실을 맺을 수 있을 것이다.

13 수학을 공부하는 자세

서울에 출장을 가서 아침 식사를 하는데 식당 주인이 다가와서 직업이 의사인지 물어 보았다. 교수라고 답을 하자 직업은 못 속인다고 하면서 자기 이야기를 하였다. 그 식당 주인은 정육점을 같이 하고 있는데 자기는 아주 좋은 고급 옷을 입고 향수를 뿌리고 모임에 나가도 옆에 앉은 사람들로부터 고기 냄새가 난다는 얘기를 듣는다는 것이다. 이처럼 외모나 말, 행동을 통해서 은연중에 드러나는 탓인지는 몰라도 주위 사람들이 나에게 가장 많이 묻는 것 중에 하나가 '수학을 공부하는 방법' 에 관한 것들이다. 그럴 때마다 나는 아래의 다섯 가지를 얘기하곤 한다.

첫째, 해답부터 보는 학습 습관은 문제해결력을 상실하므로
풀 수 있다고 하는 자신감을 가져야 한다.

사람은 누구나 공부를 하면서 어려움에 직면하는 경우를 수 없이 많이 겪게 되고 이 때문에 심한 절망감마저 느끼기도 한다. 특히, 수학을 공부할 때 어떤 수식이나 혹은 증명내용의 중간과정이 많이 생략되어 있는 경우는 이해하기가 무척 어렵다. 이런 경우 해답을 보는 학습습관을 가지면 문제해결력을 상실한다.

수학 문제를 만든 사람도 인간이고 증명한 사람도 인간이기에 나도 충분히 증명할 수 있다. 이 말을 논리학의 대우명제로 바꾸어 설명하면 내가 증명하지 못하면 모든 사람들이 증명할 수 없는 것으로 해석될 수 있기 때문에 아주 건방진 생각으로 보인다. 그러나 신이 하신 일도 아니고 인간이 증명한 내용을 이해하지도 못한다면 내 자신이 너무나 비참하고 자존심이 상하게 된다. 그리고 나면 오기가 생기고 다시 문제를 곰곰이 사고하는 과정을 거치게 되면 풀리지 않는 문제가 거의 없다.

물론 사람마다 능력의 차이가 있고 좋아하는 과목에 따

라 개인차가 존재하는 것은 사실이지만, 풀이를 보고 이해하지 못하는 것은 정신력의 문제이다. 환자가 병을 극복하겠다는 의지를 갖지 않으면 백약이 무효이다. 그리고 싸움을 하는 경우도 상대에게 이길 수 있다는 자신감이 있을 때 싸워 볼 만한 것이다. 누구나 알고 있듯이 수학은 가장 완벽한 논리적 체계를 갖춘 학문이다. 나에게 수학을 잘 할 수 있는 비결을 묻는다면 제일 먼저 '할 수 있다는 자신감'을 가지도록 권하고 싶다.

둘째. 계산의 정확성을 기르기 위하여 문제를 풀고 난 뒤 검산하는 습관을 가져라.

인간의 능력 중에 완벽한 것은 하나도 없다. 그러나 부모는 자기 자식이 완벽하기를 바란다. 이러한 심리로 말미암아 자녀들은 100점의 문화에 얽매여 항상 정답을 요구하는 부모의 욕구를 충족시키려고 노력한다. 이러한 과중한 심리적 부담은 문제 풀이에서 사소한 실수를 더욱 유발시킨다. 실수도 실력임을 명심하고, 검산하는 습관을 길러야 한다.

나는 모든 문제를 다 풀고 난 후에 검산하지 않고 문제마다 풀이 내용을 검산한다. 대부분의 학생들은 시험을 칠 때 한정된 시간에 아는 문제를 모두 풀지 못하는 경우를 우려하여 시험 문제를 다 풀고 난 후에 검산한다. 그러나 문제의 답을 구하고 그 즉시 다시 보면 틀린 부분을 빨리 찾을 수 있을 뿐만 아니라 나중에 다시 검산하는 것보다 훨씬 시간이 절약된다.

검산하는 습관은 일상생활에서도 매우 유익하다. 이것은 문제 풀이에서 정확도를 높일 뿐만 아니라 어떤 일을 하고 나면 반성하는 습관을 가지게 되어 '일거양득'의 효과를 얻을 수 있다. 또한 첫 번째에서 이야기한 바와 같이 지나친 자신감 때문에 일어날 수 있는 오류를 자기 스스로 찾아보는 계기가 된다. 따라서 문제를 대하는 태도가 신중해지고 덤벙거리는 습관을 예방할 수 있다.

셋째. 획일적이고 정답위주의 공부 습관을 예방하기 위하여 질문을 많이 하고 상대방의 의견을 절대적으로 받아들여서는 안된다.

나는 강의시간에 학생들에게 가끔 이 지구에서 수학을 공부하는 사람 중에 가장 나쁜 사람이 누구냐고 물어보면 여러 가지 답이 나온다. 그러나 내가 생각하고 있는 답을 이야기하는 학생은 한 명도 본 적이 없다.

나의 답은 도둑질하는 사람 중에 가장 나쁜 사람은 도둑질한 물건을 다시 훔치는 사람이고, 수학하는 사람 중에 가장 나쁜 사람은 틀린 문제를 옳다고 베껴 적는 사람이다.

이 말은 문제를 풀 수는 없어도 충분히 생각을 하였다면 풀이를 보고 참과 거짓은 판단할 줄 알아야 한다는 뜻이다.

일반적으로 학생들이 선생님에게 질문을 하고 나서 설명을 들을 때 그 설명에 대하여 다시 질문하는 경우는 매우 드물다. 대학원에 다니던 시절 위상수학 과목의 세미나 시간에 동일한 문제에 대하여 지금은 작고하신 박정기 교수님에게 27번의 질문 끝에 내용을 완전히 이해한 적이 있다. 많은 질문이 올바른 이해를 돕는 것이다.

넷째. 틀린 부분이 발견되면 잘못을 시인하는 긍정적인 태도를 가져야 논리력이 향상된다.

이것은 질문하는 자세이다. 질문을 하고 난 뒤 토론을 통하여 나의 잘못을 알았을 때 그 잘못을 인정하는 것은 자존심을 상하는 것이 아니고 나를 높이는 것이다.

잘못을 시인하는 태도는 수학에서 아주 중요하다. 수학

은 논리를 바탕으로 하여 이론이 전개된다. 그러므로 잘못을 시인하지 않으면 논리 자체가 성립하지 않는다. 문제를 풀고 난 뒤 답이 틀리면 자신이 옳다는 것을 주장하기 전에 틀린 부분을 찾아야 한다. 그리고 잘못된 점이 발견되면 쓸데없는 고집을 부리지 말고 빨리 시인해야 한다. 이것은 수학을 공부하는 속도를 빠르게 하고 더욱 더 공부하고 싶어지도록 흥미를 불러일으키므로 매우 중요한 자세이다.

다섯째. 집중력을 키우려면 의자에 오래 앉아있는 생활 습관부터 가져야 한다.

수학에서 문제를 오랫동안 생각하는 집중력은 학습 습관에 의해 키울 수 있다. 어린 학생들의 경우 공부하려고 책상에 앉기만 하면 화장실에 가고 싶고 목도 마르고 배도 고파지는 것을 자주 보게 되는데, 이는 주위가 산만하고 집중이 되지 않아서 생기는 현상이다. 수학은 빠른 시간 내에 소화할 수 있는 학문이 아니다. 많은 사고를 필요로 하는 학문이기 때문에 의자에 오래 앉아 사고하는 습관을 가져야만 한다. 충분히 생각한 사고만이 다양한 방법들을 찾아낼 수 있고, 이것이 축적되면 수학의 영재가 되는 것이다.

선생님께서 주신 선물

모든 사람들은 자기를 가르치고 지도해 준 선생님들을 기억하고 있으며 그 중에서 마음속에 소중히 간직하고 싶은 스승이 한 분씩은 있다. 나에게도 이런 특별한 선생님이 계신다. 나의 지도교수이셨고 다정한 친구처럼 늘 따뜻함을 잃지 않으셨던 선생님은 지금 정년퇴임을 앞두고 계신다. 선생님께서는 최근 들어 건강이 좋지 않으셔서 약주를 드시지 않지만 나와 만나면 언제나 밤늦게까지 즐겁게 마신다. 그 이유는 내가 선생님을 친구로 대하는 것이 좋고 항상 학문에 대하여 묻고 이야기하는 대화를 좋아하시기 때문이다. 우리를 모르는 사람이 옆에서 대화를 듣는다면 사제지간으로 보는 사람은 아무도 없을 것이다. 격이 없이 대하는 이러한 나를 선생님은 더 좋아신다.

선생님께서는 나의 장점만을 보시고 교수로서 그리고 한 가정의 가장으로서 부족함이 없는, 자랑스러운 제자로 확신하고 계신다. 사실 나 자신을 돌이켜 보면 학문이라고 이야기할 수 없는 작은 지식으로 교수라는 큰 지위를 누리고 있지만 선생님은 수학사의 어느 천재보다도 자랑스러운 제자로 여기신다.

가을 단풍이 붉게 물든 어느 날 선생님께서 모교 대학원생들을 위한 특강을 권유하셨다. 개인적으로는 내가 쓴 논문과 관련하여 여러 번 모교에서 강의를 하였으므로 거절하는 것이 당연하지만, 선생님께서 정년퇴임하시기 전에 마지막으로 제자가 강의하는 모습과 내용을 듣고 싶어 하는 의중을 알기 때문에 승낙하였다.

먼저 특강의 주제를 정해야 하는데 선생님 앞에 자신 있게 내어 놓을 수 있는 제목이 생각나지 않아서 수학사에 나타난 고전적인 이론들과 그동안 내가 쓴 논문을 찬찬히 다시 보았다. 그리고 나서 나는 내 자신이 너무나 부끄럽고 못난 제자임을 깨달았고, 강의를 승낙한 사실을 수도 없이 후회하였다. 그런 가운데 갑자기 선생님께서 가르쳐 주신 두 가지 말씀이 생각났다.

하나는 수학을 공부하는 사람은 평생 입문만 공부하다가 죽는다는 것이다. 박사학위는 학문의 입문을 공부하는 자격을 주는 것이다. 공부는 하면 할수록 수준의 차이는 있지만 평생 동안 입문만 공부하고 있음을 명심해야 한다는 말씀이었다.

다른 한 가지는 지금 너희들이 나를 바르게 가르쳐 주지 않으면 내가 죽을 때 영원히 잘못 알고 죽는다는 것이다.

이 가르침은 학자의 길을 갈 때 항상 겸손해야하고 공부를 게을리 하지 말고 자신을 연마하는 데 꾸준히 노력할 것을 당부하신 말씀이다. 이제 선생님께서 나에게 특강을 권유하신 깊으신 뜻을 깨달을 수 있었다.

과연 나는 논문을 쓰기 위한 연구를 한 것인가? 아니면 수학을 공부하는 후배들에게 바른 길을 비추어 주는 연구를 해 온 것인가? 선생님께서는 정년을 앞두고 말씀보다는 특강이라는 선물을 주시면서 스스로 자신을 다시 돌아보고 학자로서 겸손하게 꾸준히 연구에 매진하여 줄 것을 당부하고 계신 것이다. 이것은 스승님께서 나에게 주신 고귀한 선물이고 나는 이것을 영원히 소중하게 간직할 것이다.

14 천재들의 영감

나를 아는 많은 사람들은 내가 수학을 전공하게 된 계기에 대하여 궁금해 한다. 대부분의 사람들이 수학을 매우 어려운 학문으로 인식하고 있어서 수학을 전공하는 사람은 특별한 능력이 있는 사람이라고 생각한다. 사실 수학은 어려운 학문이다. 그러나 일반 사람들이 생각하는 고등학교 수준의 수학은 어떤 과목보다도 재미있고 흥미 있는 과목이다. 왜냐하면 수학은 정답이 분명한 과목이고 문제의 풀이를 찾았을 때 오는 희열감은 글로 설명할 수 없기 때문이다.

조깅을 좋아하는 사람에게 왜 조깅을 즐기는지를 물으면 구체적으로 말할 수 없지만 숨이 차올랐을 때 산소 부족으로 오는 야릇한 희열감을 느끼기 때문이라고 한다. 그리고 이것이 하나의 중독 증세가 되면 이 희열감을 느끼기 위하여 더 오랜 시간을 달리고 싶게 된다. 수학의 경우도 마찬가지이다. 문제를 풀기 위하여 생각한 시간이 길면 길수록 그 희열감은 더욱 더 크게 느껴진다. 나 역시 이러한 희열감을 느끼는 매력 때문에 수학을 전공하게 되었다.

만약 다른 학문을 하는 동료교수가 논문을 어떻게 쓰느냐고 물으면 나는 주저하지 않고 평범한 수준의 논문은 노력하여 쓰고 좋은 논문은 영감(feeling)으로 쓴다고 답한다. 여기서 '영감' 이라는 말은 어려운 문제를 많은 고민과 노력으로 풀어가는 도중에 직관적 사고에 의하여 순간적으로 떠오르는 아이디어를 의미하며, 이것은 문제를 해결하는 방법론의 열쇠가 되는 것이다. 에디슨은 99%의 노력과 1%의 머리를 이야기하였는데 수학자에게는 이 1%가 매우 중요하다.

고등학교까지의 수학은 기호를 잘 이해하면 아주 쉬운 과목이다. 예를 들면 지나가는 사람에게 1+2+3이 얼마인가 물으면 너무 쉬워 답을 하지 않는다. 그러나 같은 질문을 수학적 기호를 사용하여 $\sum_{1}^{3} k$의 값을 물으면 이번에는 몰라서 답을 하지 않는다. 따라서 기호의 이해 역시 수학을 공부하는 하나의 묘미이며, 이것은 99%의 노력만으로 충분히 해결할 수 있다.

그러나 수학의 묘미 중에 가장 큰 매력은 1%의 머리에 의하여 갑자기 떠오르는 영감에 있다. 이것은 천재들만이 가질 수 있다. 17세기의 천재 수학자 페르마(Pierre de Fermat)가 남긴 수학적 영감이 그 대표적인 예이다.

기원전 250년경에 작성된 것으로 추정되는 디오판토스의 연구인 〈산술〉(Arithmetica)은 르네상스 시대에 재발견되어 번역됨으로써 정수론의 발달에 큰 영향을 주었다. 이 책의 복사본을 구한 페르마는 디오판토스의 연구를 탐독하였고 여백에 48개의 문제를 기술하였다. 그 가운데 2번째 문제가 오늘날 '페르마의 마지막 정리'로 우리에게 잘 알려진 것이다. 페르마는 이 책에서 증명을 제시하지 않았고, 다만 디오판토스의 정리 옆에 다음과 같은 유명한 메모를 남겼다.

그는 자신의 메모에서 $n \geq 3$인 임의의 자연수에 대하여 방정식 $a^n + b^n = c^n$을 만족하는 양의 정수는 존재하지 않는다고 주장하였다. 그리고 이에 대한 증명을 제시하지 못하는 이유로 다음과 같은 글을 남겼다.

"나는 이것에 대한 놀라운 증명을 하였지만 여백이 너무 좁아서 쓰지를 못하겠다."

페르마의 정리에서 주목할 점은 가정에서 $n \geq 3$인 점이다. 만약에 $n=2$이면 피타고라스 정리에 의하여 이 정리는 성립하지 않는다. 왜냐하면 피타고라스 수들로 잘 알려진 3, 4, 5와 5, 12, 13 등의 여러 가지 양의 정수해가 존재하기 때문이다. 페르마의 이러한 주장은 18세기의 천재 수학자 오일러(Euler)에 의하여 $n=3$인 경우가 증명되었고 300년 이상의 세월이 지난 1994년 9월 16일 프린스턴대학의 와일즈(Andrew Wiles) 교수에 의하여 완전히 증명되었다. 이 정리는 증명과정에서 대수기하학(Algebraic Geometry)의 중심 이론인 타원곡선과 연계하여 많은 연구가 이루어졌고 정수론 발전의 축을 이루는 역할을 하였다.

오늘날의 수학자들은 페르마의 마지막 정리와 관련하여 다음의 질문을 던지고 있다. 과연 페르마는 정말로 이 사실을 증명한 것인가 아니면 천재의 영감인가?

만약에 페르마가 정말로 증명하였다면 지금까지 어느 누구도 예측하지 못할 만큼 신비스러운 증명 방법이 존재

할 것이다. 그러나 전 세계의 수학자들이 300년 이상 연구하여 증명한 이 방법이 페르마의 생각과 같다면 페르마는 천재의 영감으로 이 유명한 정리를 제시한 것이 된다. 정답은 페르마만 알고 있다. 만약에 내기를 한다면 나는 후자를 택할 것이다.

천재들의 영감에 대한 또 다른 사례는 금세기의 천재 수학자인 라마누쟌(Ramanujan)의 탄생에서도 찾아볼 수 있다. 인도에서 태어난 라마누쟌은 정규적인 수학 교육을 받지 못했다. 그는 가족의 생계를 위해 연봉 30파운드를 받는 사무직으로 일하면서 증명도 없이 제시된 100개도 넘는 이상한 공식을 만들어 영국에서 가장 뛰어난 세 사람에게 보냈다. 이들 중 두 명은 편지를 반송하였으나 그 당시 세계에서 가장 뛰어난 수학자였던 하디(Hardy)는 이들 수학 공식들이 하루 종일 자신의 머릿속을 떠나지 않았다고 한다. 이러한 하디의 수학적 영감 때문에 라마누쟌은 캠브리지 대학에서 공부할 기회를 얻었으며 5년 동안 라마누쟌은 아무도 예측하지 못한 수많은 수학적 결과들을 도출해 내어 하디를 놀라게 하곤 하였다. 그러나 불행하게도 라마누쟌은 건강이 악화되었고, 고향인 인도에 돌아왔으나 32세의 젊은 나이로 숨을 거두었다.

여기서 주목할 점은 두 가지이다. 하나는 20세기 가장 뛰어난 천재 수학자 라마누잔이 정규교육을 받지 않은 사람이라는 점과 영국의 위대한 수학자 하디의 수학적 영감이 없었다면 라마누잔은 세계에 알려지지 않았다는 점이다. 그리고 이 두 가지가 조화를 이룸으로써 두 수학자는 공동으로 많은 연구를 할 수 있었고, 주옥같이 아름다운 결과들을 발표하여 세상을 놀라게 하였다.

나의 경우도 수학자로서 이와 유사한 길을 가고 있다. 일본 히로시마 대학에 토시유키 수가와(Toshiyuki Sugawa) 교수가 있다. 수가와 교수는 일본 교토 대학에서 공부한 소위 순수 국내파로서 일본에서는 '차세대 일본 수학을 이끄는 별' 로 알려져 있는 40대 초반의 탁월한 교수이다. 나는 수가와 교수를 10년 전에 우연히 국제학술회의에서 만났으며 그때 그의 논문 발표를 듣고 떠오르는 영감을 나눈 것이 계기가 되어 지금까지 우리는 둘도 없는 파트너로서 10여 편의 공동연구를 수행하였다. 우리는 연구에 있어서는 항상 하나였다. 나는 그의 탁월한 수학적 재능을 좋아하고, 그는 나의 수학적 영감을 좋아한다.

수가와 교수의 특징은 집중력이 탁월하다는 점이다. 한

번 문제를 생각하면 식사를 하거나 길을 갈 때도 그 문제를 생각한다. 우리가 하는 연구를 쉽게 설명하면 문제는 내가 내고 증명은 수가와 교수가 한다. 상식적으로 생각하면 문제 만드는 것이 쉽게 보이지만 이것은 수학적 영감 없이는 불가능하다. 다르게 표현하면 생각할 가치도 없는 문제는 수학적 영감이 없는 문제이다.

생각할 가치가 있는 문제는 내가 전공하는 해석학적인 의미는 물론이고 기하적인 의미, 대수적인 의미까지 포괄적으로 내포하고 있어야 한다. 이러한 영감은 오랜 연구 활동을 통하여 생겨난다. 그러나 문제는 영감은 많으나 아름다운 영감이 적다는 것이다. 이것이 수가와 교수와 10년 넘게 같이 연구를 했음에도 불구하고 10편의 논문밖에 발간할 수 없었던 이유이다. 또한, 이것이 수학의 묘미이고 내가 수학을 좋아하고 사랑하는 이유이다.

나에게는 라마누잔과 같은 천재적 재능도 없고 하디나 페르마와 같은 뛰어난 수학적 영감도 갖고 있지 않다. 하지만 부단한 노력에 의하여 얻어지는 조그마한 수학적 영감에 힘입어, 그리고 나를 아름답게 사로잡는 한 천재 수학자들의 생을 본받아 꾸준히 연구 활동에 전념할 것이다.

뻥 치고 있네

저녁 6시 대학에서 일과를 마치고 집으로 돌아왔다. 매일 나를 반갑게 맞아주는 아내의 얼굴에 수심이 가득하다. 며칠 전에 사온 청국장으로 저녁 반찬을 만든 것이 거의 죽처럼 범벅이 되어 있었기 때문이다. 아내는 직장에서 돌아오는 남편에게 맛있는 저녁을 대접하기 위해 오후 내내 준비를 하였는데 엉망이 되었으니 무척 속이 상했던 것이다.

저녁 식탁에서 우리 집 늦둥이고 귀염둥이인 초등학교 4학년 딸애가 청국장을 보자마자 반찬투정을 하였다. 걱정스런 마음으로 노심초사하는 아내는 나에게 맛이 어떤지를 물었고 나는 그 때마다 맛이 좋다고 대답하면서 즐겁게 저녁 식사를 마쳤다. 그런데 나의 진심과는 달리 아내는 여전히 걱정스러운 표정을 하고 있었다. 나는 아내의 마음 씀씀이에 대한 고마움의 표시를 하기 위하여 적당한 표현을 모색하는 순간 갑자기 성경의 한 구절과 목사님의 설교가 떠올랐다.

부부가 서로의 허물을 덮어주는 따듯한 말 한 마디가 곧 예수님께서 행한

"물을 포도주로 만들었다"

와 같은 기적을 가정에서 이룰 수 있다는 내용이었다.

식탁에서 일어서면서 나는 아내에게 당신은 천사와 같은 마음씨를 갖고 있으며 하얀 드레스에 흰 날개를 달면 내가 찾고 있었던 천사의 모습이 당신이라고 얘기를 하였다.

그 순간 반찬이 맛이 없다고 저녁도 먹지 않고 거실에서 텔레비전을 보던 딸애가 무언가 중얼거리고 있었다. 그 말은

"뻥 치고 있네"

였다. 딸애는 나에게 엄마는 화장을 지우면 늙고 못 생겼는데

어떻게 천사가 되느냐고 물었다. 천사는 나이와 얼굴에 관계없이 마음씨가 중요하다고 설명하자 딸애는 엄마에게 잘 보이기 위하여 마음에도 없는 말로 뻥치고 있음을 강조하였다. 우리는 그 날 저녁 내내 천사에 대하여 대화를 나누었다.

내 마음의 천사는 멀리 있는 것이 아니고 가장 가까운 자리에서 언제나 나에게 미소 짖고 있는 아내이다. 그녀는 내가 훌륭한 수학자의 길을 갈 수 있게 천사의 모습으로 지켜주고 있는 것이다. 나는 딸애의 마음속에도 엄마가 천사의 모습으로 남아 있을 것으로 믿고 있다. 그리고 잠자는 딸애의 모습에서 또 한 명의 어린 천사와 함께 생활하고 있음을 느낀다.

15 질문을 많이 하는 학생이 수학을 바르게 이해한다

수학을 재미있게 공부하는 가장 좋은 방법은 쉬운 질문을 많이 만들어 보는 것이다. 쉬운 예를 소개한다. 초등학교 4학년 수학교과서에는 직사각형의 넓이를 구하는 방법으로 가로×세로를 설명하고 있다. 한 여학생이 다음과 같은 질문을 하였다.

질문내용 : 직사각형의 넓이를 구할 때 사각형의 네 변은 넓이에 포함됩니까? 아니면 포함되지 않습니까?

질문의도 : 초등학교 4학년인 여학생이 위의 질문을 생각하게 된 이유는 직사각형의 넓이를 구할 때 사각형의 네 변이 포함되지 않으면 네 변의 길이만큼 면적이 작아져야 하는데 가로×세로의 값은 네 변과 관계없이 항상 일정하기

때문에 논리적으로 모순이라는 것이다.

이 질문은 듣고 나면 누구나 할 수 있는 질문이다. 그러나 이 단원을 학습 할 때, 과연 몇 명의 초등학생이 이와 같은 질문을 생각하였을까? 다음으로 이 질문에 대한 답을 생각하여 보자. 대부분의 사람들은 가로×세로는 동일하지만 넓이는 네 변의 길이에 해당되는 아주 작은 양만큼 작아져야 한다는 의문을 가질 것이다. 이것에 대한 정확한 답은 아주 높은 수준의 수학적 내용을 요구한다. 대학에서 측도론(Measure Theory)을 공부하면 이해할 수 있다. 면은 선이 연속적으로 조밀하게 모인 것이며 넓이를 가진다. 하지만 면에서 셀 수 있는 개수만큼의 선분을 제거하여도 면적은 동일한 이유를 공부한다. 다시 말하면, 질문은 초등학생이 하였지만 그 답은 초등학생 수준이 아니라 고등수학에서 다루어지는 내용인 것이다. 이것은 수학이기 때문에 가능할 것이다.

다음은 금년도 우리 학과의 입학전형(수시)에서 실시한 면접 문항을 예로 들어보자.

면접문항 : 중학교에서 삼각함수를 공부할 때 60분법을 사용한다. 예를 들면 sin30° 를 공부한다. 그러나 고등학교에 진학하면 60분법인 30° 를 라디안을 사용하여 $\frac{\pi}{6}$로 고친 후에 sin$\frac{\pi}{6}$로 공부한다. 한편 대부분의 학생들은 sin$\frac{\pi}{6}$를 계산 할 때 sin30° 로 고쳐서 계산한다. 그러면 60분법이 라디안 보다 쉬운데도 불구하고 라디안의 표기법은 왜 학습하여야 하는가?

사범대학을 지원하는 학생들은 학급에서 3등급 내에 속하는 학생들이다. 50명의 학생에게 위의 질문을 하였는데 바르게 답한 학생은 한 명도 없었다. 학생들이 대답한 유형을 보면 다음과 같다.

유형 1. 수학의 발전과정으로 생각한다.

보조질문 : 수학의 발전과정은 인간을 어렵게 생활하도록 하는 것인가?

유형 2. 각의 크기가 큰 경우에 60분법을 사용하면 숫자가 커지기 때문에 간편하게 사용하기 위하여 라디안을 사용한다.

보조질문 : 그러면 왜 실수에서는 아주 큰 수의 숫자를 간편하게 고치지 않고 그대로 공부하는가?

유형 3. 60분법을 라디안으로 고쳐서 사용하는 것은 각의 크기를 실수로 나타내기 위해서이다.

보조질문 : 왜 각의 크기를 실수로 고쳐서 표기하여야 하는가?

고등학교 교과서를 살펴보면 호의 길이와 원의 넓이를 원주각의 크기로 나타내기 위하여 라디안을 도입하고 있다. 또한, 중학교에서는 삼각함수의 값만 구하고 그래프는 학습하지 않는다. 그러나 고등학교에 진학하면 삼각함수에 대한 그래프를 공부하는데 정의구역이 실수이다. 따라서 각의 크기를 라디안을 사용하여 실수로 표현하지 않으면 그래프를 공부할 수 없기 때문이다.

대답을 하지 못한 학생들에게 라디안을 학습할 때 이러한 질문을 생각하지 않고 공부한 이유를 물어보았다. 학생들은 학습하는 순간에는 질문이 생각나지 않았는데 지금

듣고 보니 질문하였어야 했다고 대답하였다. 이것은 우리 자녀들이 수학을 공부하는 방법을 단적으로 보여주고 있다. 이와 같은 학습 방법은 교과서를 공부하지 않고 참고서에 의존하여 문제 풀이를 반복하기 때문에 나타난다. 교과서에는 새로운 단위 혹은 내용이 소개되면 이 내용을 공부해야 하는 필요성과 개념을 충분히 설명하고 있다. 그러나 이러한 내용들은 대학을 진학하는데 불필요한 내용으로 생각하고 참고서에 의존하여 답을 요구하는 문제에 치중하였기 때문에 수학이 어려워지는 것이다.

수학에서 질문은 모르는 내용이나 이해되지 않는 사실만을 묻는 것은 아니다. 때로는 교과서나 참고서에 소개되지 않는 새로운 방법으로 답을 구한 경우에 우연의 일치인가 아니면 올바른 방법인가에 대한 의문을 가질 수 있다. 이것을 스스로 판정하는 가장 좋은 방법은 유사한 문제를 같은 방법으로 다시 풀어 보는 것이다. 그러면 자연스럽게 본인이 사용한 방법을 검증할 수 있다.

한 가지 예를 들면 고등학교에서 배우는 헤론의 공식이다. 현재 고등학교 교과서에는 헤론의 공식을 삼각함수를 사용하여 증명하고 있다. 그러나 헤론의 증명을 보면 중학교 2학년에서 학습하는 도형의 합동과 닮음 그리고 중학교 3학년에서 배우는 원의 성질을 사용하여 증명하였다.

그러면 왜 고등학교에서는 어려운 삼각함수를 사용하여 증명하고 있을까? 이 의문에 대한 답은 삼각함수를 사용하면 증명이 간단하기 때문이다.

우리는 다시 의문이 생긴다. 헤론은 증명에서 왜 삼각함수를 사용하지 않았을까? 헤론은 삼각함수가 나타나기 이전에 살았던 사람이다. 이와 같이 계속하여 질문을 제시하고 답을 찾아가면 그 과정에서 중학교에서 배우는 도형에 관한 내용의 중요성과 삼각함수의 활용에 대한 수학의 원리를 이해하게 된다.

고등학교까지 배우는 수학은 어려운 과목이 아니다. 단지 100점에 대한 부모의 지나친 욕심이 수학을 어렵게 만들고 있다. 수학은 논리적으로 완벽한 학문이므로 많은 의문을 제시하고 이러한 의문에 대한 답을 찾으면서 수학의 원리를 이해하게 되는 것이다.

16 수학은 기호로 표현하는 언어이다

수학은 먼저 기호를 이해하여야 한다. 수학에서 수식은 기호를 사용하는 문장이기 때문이다. 그리고 기호들은 복잡한 식들을 단순화시키기 위한 목적으로 사용된다. 예를 들어보자. 부모에게 $\frac{1}{2}+\frac{1}{4}+\frac{1}{8}$의 값을 물어보면 통분하여 계산한 후에 풀이 방법을 가르쳐 준다. 그러나 같은 문제를 표기방법을 바꾸어 $\sum_{k=1}^{3}(\frac{1}{2})^k$ 의 값을 물으면 풀이를 이해하고 있는 부모들이 별로 없다. 왜냐하면 Σ는 우리가 평소에 자주 사용하지 않는 생소한 기호이기 때문이다.

그러면 쉽게 이해할 수 있는 덧셈 기호를 사용하지 않고 이와 같이 생소한 기호를 사용하는 이유는 무엇일까? 만약에 1부터 100까지 합을 덧셈 기호를 사용하여 나타내면 매우 복잡하게 표현된다. 그러나 Σ기호를 사용하면 $\sum_{k=1}^{100}k$

와 같이 간단하게 나타낼 수 있다. 즉, 복잡한 수식을 단순화하여 표현할 수 있기 때문이다.

다음으로 덧셈 기호는 왜 우리들에게 생소하지 않고 쉽게 이해되는 것일까? 우리는 일상생활에서 매일 돈을 계산하면서 살아간다. 그리고 돈을 계산하는 방법으로 사칙연산을 기본적으로 사용한다. 따라서 덧셈의 경우는 우리 생활의 일부분이 되어 있으므로 매우 친숙하게 받아들여지고 있기 때문이다. 이와 같이 기호들을 자연스럽게 사용할 수 있으면 수학은 쉬워진다. 그러면 기호와 친해지는 방법은 무엇일까?

어린이들은 글자를 처음 공부할 때 같은 뜻을 가지는 단어들을 묶어서 학습하는 경우가 많다. 수학의 기호도 문장을 표현하는 언어이기 때문에 같은 방법으로 학습할 수 있다. $\frac{1}{2}$ 을 예로 들어보자. 초등수학에서는 소수로 표현하여 0.5 로 나타낸다. 중학교에서는 순환하는 무한소수로 표현하여 0.4999…와 같은 수임을 가르치고 삼각함수 단원에서 $\sin 30^\circ$ 혹은 $\sin 60^\circ$ 의 값이 되는 것을 학습한다. 고등학교에서 로그 단원을 학습하고 나면 상용로그를 사용하여 $\log\sqrt{10}$ 으로 나타낼 수 있다. 이와 같이 수학의 여러 가지 기호를 사용하여 수를 표현하면 기호에 대한 거부감이 사라진다.

기호와 친해지고 나면 문장을 수식으로 표현하는 방법을 연습해야 한다. 이것을 수학에서는 '문장제' 라고 한다. 수학을 어렵게 생각하는 많은 학생들을 자세히 살펴보면 문장을 수식으로 표현하는 능력이 부족한 것을 알 수 있다.

수식을 구성하려면 논리적 사고를 바탕으로 기호를 자유롭게 사용 할 수 있어야 한다. 만약에 이것을 충분하게 연습하지 않고 넘어가면 응용문제를 다루는 단원에서 항상 문제가 발생한다. 구체적으로 제시하자면 중학교 2학년에서 학습하는 '방정식과 부등식의 응용', 중학교 3학년에서 학습하는 '2차 함수의 응용' 이 있다. 그리고 고등학교에서 배우는 이들의 심화문제를 비롯하여 '미분의 응용' '적분의 응용' 등과 같이 여러 단원에서 어려움을 느끼게 되고 마지막에는 수학을 포기하게 된다. 따라서 기호를 익히고 나면 수식을 문장으로 표현하고 문장을 수식으로 표현하는 문장제에 대한 연습을 많이 하여야 수학이 쉬워 진다.

문장제에 대한 능력이 길러지면 마지막 단계로써 스스

로 문제를 만들어 보는 훈련을 하여야 한다. 주어진 문제를 풀이 하는 것은 학습한 내용을 문제에 적용하여 문제해결의 전략을 수립하는 것이지만 문제를 만들어 보면 이러한 전략을 사용하여야 하는 이유를 이해하게 된다.

수학은 학습단계를 중요시 한다. 초등수학에서는 직관적으로 이해 할 수 있는 간단한 문제들을 다루고 중학교에서는 쉽게 증명 할 수 있는 내용들을 학습하면서 논리적 사고를 가르친다. 그리고 고등학교에 진학하면 고등수학에서 요구되는 다양한 이론과 방법론을 학습하게 된다. 따라서 문제를 만들어 보는 훈련은 초등수학의 간단한 유형의 문제부터 단계적으로 시도하여야 효과를 볼 수 있다. 만약 이러한 단계를 밟지 않고 곧바로 고등학교에서 연습하면 수학을 어렵게 생각하고 풀이에 자신감을 상실하는 역효과를 보일 수 있다.

17 수학에 바친 나의 연구

모든 학문은 나름대로의 전문성과 특성이 있다. 특히 수학의 경우는 기호화되고 형식화된 학문이므로 전문적인 내용을 일반 학생에게 설명하기는 매우 어렵다. 그러나 나에게 배운 많은 학생들이 내가 구체적으로 무엇을 연구하는지 궁금해 한다. 지금부터 나와 함께 내가 연구하는 학문의 세계로 여행을 떠나 보자.

수학을 연구하는 방법에는 크게 두 가지가 있다. 하나는 증명하고자 하는 성질에 대하여 가정을 약화시켜 연구하는 방법이다. 수학에서는 이를 '일반화'로 이야기한다. 다른 한 가지는 강한 조건 속에서 아름다운 결과를 추구하는 방법이다. 나는 후자를 좋아한다. 왜냐하면 전자의 경우는 수학적으로 매우 바람직한 연구이지만 가정이 약하므로 사용할 수 있는 무기가 별로 없고 증명 과정에서 많은 제약이 따르기 때문이다. 그러나 후자의 경우는 수학에서 사용할 수 있는 무기가 많고 다양한 전술을 마음껏 펼칠 수 있기 때문에 좋아한다.

친목을 목적으로 테니스 경기를 해 보면 상대방 선수의 성격을 알 수 있다. 성격이 유하고 어진 분은 공을 보낼 때 상대가 공을 받기 쉽게 준다. 그러나 성격이 깐깐한 분은 상대가 공을 잘 받지 못하도록 공을 코너로 보내는 경향이 있다. 수학 연구도 마찬가지이다. 나의 경우는 구속받지 않고 자유로운 생활을 좋아하기 때문에 후자의 방법을 선택한 면도 있다.

내가 수학을 연구하는 분야는 크게 말하면 함수이론(Function Theory)이고 그 폭을 좁히면 복소해석학(Complex Analysis)이다. 고등학교까지 배우는 함수 중에 가장 좋은 조건을 가진 함수는 미분가능인 함수이다. 그러나 대학에서는 이보다 더 좋은 조건을 가지는 함수로 해석적(analytic)인 함수를 공부한다. 쉽게 설명하면 함수가 멱급수(power series)로 표시 가능한 함수들로써 교양수학에서는 Taylor 급수 전개가 가능한 함수들을 의미한다. 내가 하는 연구들은 기본적으로 함수가 해석적인 경우에서부터 출발한다.

수학에서 다루는 해석적인 함수들은 일반적으로 적분을 하면 함수가 좋아지고 미분을 하면 함수가 나빠진다. 그 이유는 적분을 하면 급수의 n번 째 계수들에 $\frac{1}{n+1}$이 곱해져서 이들 계수는 0으로 빨리 가게 되므로 수렴성이 좋아지기 때문이다. 그러나 미분을 하게 되면 n번째 계수 앞에 n이 곱해지므로 0으로 가지 않는 경우도 있고 0으로 가더라도 느리게 가게 된다.

예를 들면 수학에서 가장 좋은 함수 중의 하나인 e^x는 실수 전체에서 해석적이고 급수 전개에서 계수는 $\frac{1}{n!}$로 0으로 아주 빨리 간다. 그러나 우리에게 '기하적 함수'(geometric function)로 잘 알려져 있고, 고등학교에서 무한 등비급수의 합 공식에서 나타나는 함수 $\frac{1}{1-x}=1+x+x^2+\cdots$는 $|x|<1$에서 해석적이고 계수들은 모두 1이 되어 그 극한은 1이 된다. 이러한 이유에서 이 함수는 $x=1$에서 불연속점을 가지는 것이다. 이러한 상황은 함수가 실변수가 아닌 복소변수인 경우도 동일하다.

나는 박사학위 논문에서 복소변수를 가지는 해석적인

함수에 대하여 계수들의 승수(곱하는 수, 원어로 multiplier)를 생각하여 이 들과 함수의 증가율 사이의 관계를 조사하였다. 그리고 주어진 함수에서 우리가 원하는 증가율을 가진 함수로 변환하기 위한 모든 승수들의 집합을 찾아내어 "Hardy 공간에서의 계수들의 승수"라는 제목으로 박사학위를 받았다.

나는 박사학위를 받는 해(1985년)에 대구교육대학에서 영남대학교 수학교육과로 옮기게 된다. 몇 년이 지난 뒤 나의 연구는 시련의 시간을 겪었다. 모든 교수들이 겪는 일이지만 더 이상 박사학위 논문과 관련된 주제에서는 의미 있는 논문이 나올 수 없기 때문이다. 왜냐하면 아름답고 의미있는 연구는 이미 박사학위 논문에서 거의 수행하였기 때문이다.

그러는 가운데 1988년에 일본 니혼(Nihon) 대학이 개최한 개교 100주년 기념 학술회의에 초대되어 발표할 기회를 가졌는데, 여기서 캐나다의 빅토리아대학 교수인 스리바스타바 교수를 만났다. 그는 나보다 나이가 15살이나 위인데도 불구하고 나에게 아주 친절하였고 새로운 연구 방향을 찾는 데 많은 도움을 주었다. 이를 계기로 나는 연구의 새로운 국면을 맞이할 수 있을 만큼 좋은 수학적 영감을 발견하였고, 이것은 나를 흥분하게 만들었다. 이 영감은 다음과 같다.

실변수 함수들은 그래프를 좌표 평면상에 그릴 수 있다. 그러나 복소변수를 가지는 함수는 정의역과 치역이 모두 평면상에 주어지므로 그래프는 4차원 상에 나타나게 되어 그릴 수 없다. 따라서 이러한 경우에 우리는 치역과 정의역을 분리하여 함수의 성질들을 조사한다.

앞에서도 기술한 바와 같이 적분은 함수의 상태를 좋게 만든다. 그러나 이것은 치역이 갖는 모든 기하적인 성질을 좋게 만드는 것은 아니다. 예를 들면 단엽함수(1-1 함수)를 적분하면 일반적으로 단엽함수가 되지는 않는다. 그러면 어떤 형태의 적분변환들이 함수의 치역에 대한 기하적 성질을 좋게 변환시키는가? 혹은 보존하는 것인가? 이 점이 나의 새로운 연구의 시작이 되었으며 기하적 함수이론(Geometric Function Theory)에 대한 나의 연구가 출발하게 되었다. 즉, 복소해석함수들의 치역에 대한 기하적 성질을 좋게 만드는 적분 변환은 무엇이며 어떠한 가정이 필요한가에 대한 의문이 새로운 연구의 장을 열게 만들었다.

여기서 가장 중요한 아이디어는 선형 적분변환에 의하여 변환된 함수가 다시 해석적이고 이 함수의 급수 전개식을 사용하는 문제는 박사학위 논문에서 연구한 승수에 관한 문제와 일치한다는 사실을 발견한 것이다. 이러한 관점에서 생각하면 선형 적분변환들은 치역의 기하적 성질을 좋게 변화시키는 경향이 있다.

이 연구의 주제들은 수학의 여러 영역과 결부되어 있었고, 덕분에 박사과정의 제자들과 함께 연구에 심취할 수 있었던 소중한 시간들을 보낼 수 있게 되었다. 그러나 이 주제도 6년이 지나자 연구의 의미를 잃어갔다. 왜냐하면 학문의 세계에 진입하는 제자들에게 신선한 질문을 줄 수 없기에 나는 다른 연구 주제가 필요하다는 것을 느꼈다. 그러나 이것은 쉬운 일이 아니었다. 일부 수학자들은 지금도 내 이름을 붙인 적분변환을 사용하여 SCI Journal에 가끔 논문을 내고 있지만 나는 그 당시 새로운 연구 주제를 절실히 갈망하였다.

그러던 가운데(1996년) 학술회의에서 일본의 수가와 교수를 만났다. 나는 그의 논문발표를 듣고 나의 박사학위 논문과 관련된 질문을 하였고, 이것이 그와 같이 발표한 첫 번째 공동연구의 논문을 만드는 계기가 되었다. 그는 아주 탁월한 수학적 재능을 갖고 있었기 때문에 계속해서 그와 같이 연구하고 싶었다. 그러나 나에게는 그를 사로잡을 만한 연구 주제가 없어서 너무나 안타까웠다. 지성이면 감천인지 나에게 새로운 수학적 영감이 떠오른 것이다. 바로 관점의 전환이다.

내가 지금까지 해 온 연구는 정의역은 물론이고 치역의 기하적 성질을 연구할 때 평면도형에 대한 유클리드 기하를 생각하였다. 나는 관점을 전환하여 정의역에 비 유클리드 기하의 Poincare 모델인 단위원의 내부(또는 x축 위의 반평면)를 생각하고 쌍곡기하(hyperbolic geometry)를 도입한 것이다. 이것은 유클리드 기하의 평행선 공리인 "동일 평면상에서 주어진 직선에 평행하고 그 밖의 한 점을 지나는 직선은 하나 밖에 없다"를 부정하는 모델로서 두 점을 잇는 선분은 주어진 단위원과 직교하는 원의 호로 표시된다. 여기서는 주어진 직선에 평행하고 그 밖의 한 점을 지나는 직선은 무수히 많이 존재하는 경우이다.

이와 같이 정의역의 기하적 구조를 바꾸어 놓고 비 유클리드 관점에서 수가와 교수와 함께 치역의 기하적 성질을 연구하기 시작했다. 이것은 그에게도 아주 흥미 있는 연구 주제가 되었고 우리가 10년 동안 같이 연구하게 된 동기가 되었다. 우리가 가장 최근에 발표한 논문은 비 유클리드 기하적 구조에서 해석함수들의 등각보존(conformal invariant)에 관한 성질을 연구하여 2006년 10월에 미국의 Michigan Mathematical Journal에 발표되었다.

그리고 지금은 이 주제도 이전에 연구한 주제들과 마찬가지로 나에게서 더 이상 의미를 가질 수 없게 되었다. 10년은 긴 시간이었고 아름다운 생각과 결과들은 대부분 연구되었기 때문이다.

이제 나는 또 다른 연구 주제를 찾아가야 한다. 이것은 다른 누구를 위해서가 아니고 내 자신을 위해서이다. 지금까지 해 온 연구 주제들만 가지고 교수로서 남은 시간을 조용히 보낼 수 있지만 내 자신이 이를 용서하지 않는다. 수학은 그러한 학문이 아니기 때문이다. 수학은 새로운 사실만을 조사하는 것이 아니고 같은 분야에 연구하는 다른 학자들에게 매력을 주고 후학들에게 길을 열어줄 수 있는 아름다운 결과를 추구하는 학문이기 때문이다.

나는 지금부터 내가 연구해야 하는 주제가 무엇인지 알고 있다. 그것은 정의역이 단위원의 내부가 아닌 구면상의 리만 곡면(Riemann surface)으로 확장하여 연구하는 일이다. 수학에서는 3차원상의 구면을 평면에 무한원점을 첨가한 집합과 위상동형으로 간주한다. 따라서 구면상의 리만 곡면에 대한 연구는 무한원점에서 일어나는 여러 가지 현상에 대한 연구를 동반하게 된다. 이것은 수학에서 쉬운 연구가 아니다. 때로는 나의 능력을 넘어선 문제인 것 같아서 두렵기도 하다. 부끄러운 이야기지만 이것을 연구하기에는 젊은 시절에 내가 한 공부가 턱없이 모자라기 때문이다.

마지막으로 장래에 수학자가 되기를 원하는 학생에게 부탁이 있다. 수학은 옳게 공부하여야 한다. 올바른 공부는 목적이 분명해야 하고 왜 해야 하며 무엇을 공부하여야 하는지 명확히 알아야 한다. 그리고 젊은 시절에 남들이 하기 싫어하는 어려운 분야를 많이 공부하여야 한다. 이론이 어렵다고 좋은 것은 아니지만 이것은 젊음 없이는 할 수 없는 공부이기 때문이다.

삶을 되돌아 본 안식년

사람이 동물과는 다르다는 사실을 설명하는 용어로 '사회적 동물', '감정의 동물', '이성적 사고'라는 여러 가지 표현을 쓴다. 일반적으로 '도덕적 사고'와 '자기반성', '이성적 사고'와 '도덕적 사고'는 같은 의미로 볼 수 있지만 나에게는 약간의 다른 의미를 가진다. 수학을 전공하는 사람이 철학적 의미를 얘기하는 자체가 우스꽝스러운 일이지만 수학자로서 생각하는 차이점을 이야기하고 싶다.

인간이 사회적 동물임은 분명한 사실이다. 그리고 사회생활을 영위하면서 과학적인 지식 외에 현실세계에서 직면하는 다양한 사회적 현상에 대하여 '참(true)'에 대한 정의를 요구받는 경우가 많다. 이 때 우리는 논리적인 면에서 이성적 사고가 요구된다. 그러나 도덕적 사고는 '참'을 규정할 때 우리가 살고 있는 지역의 전통적인 문화나 관습에 어긋나지 않는 사고가 되어야 한다.

이러한 도덕적 사고는 시간에 따라 변화되는 것이 많이 있다. 예를 들면 부모님이 돌아가시면 지켜야 하는 자식의 의무는 과거의 전통적인 유교문화와 비교해 보아도 너무나 많이 변화되었다. 또한 어린 시절에 배운 공산주의에 대한 '반공'이나 '간첩'에 대한 개념은 지금은 더 이상 참이 될 수 없는 것이다. 이런 관점에서 지나간 삶을 되돌아보는 것은 자신에게 매우 의미 있는 일이다.

내가 보낸 안식년은 나이 쉰에 가졌다는 점에서 남다른 특별한 의미가 있다. 50이라는 숫자는 '큰 것의 반'을 생각하게 한다. 나는 이러한 점에서 지금의 나이를 '중년'으로 표현하고 안식년을 보내는 동안 지나간 삶을 되돌아보기로 결심하였다.

교수들이 안식년을 택할 때 가장 먼저 생각하는 것이 가고 싶은 지역의 선택이다. 나는 연구 활동뿐만 아니라 지난 50년의 삶을 되돌아보기에 가장 합당한 지역으로 태평양 연안의 섬에 위치한 캐나다의 빅토리아를 선택했다. 이 섬의 가장 큰 도시 빅토리아는 인구가 35만으로 영국풍이 느껴지는, 아늑한 도시이다. 특히 태평양 연안에 위치하고 있어 섬 전체가 빼어난 해안선으로 둘러 싸여있고 사계절의 기온 차가 적다. 또한, 빅토리아는 우리나라 학생들이 어학연수를 하는 곳으로 가장 많이 선호하는 지역이고 이 도시의 부챠드 가든(Buchard Gardon)은 세계에서 가장 아름다운 정원으로 알려져 있다. 구미 지역에서는 이 도시를 'City of Gardon'이라고 부른다.

우리는 시내에서 가깝고 태평양 해안가에 위치한 콘도에 6개월 세를 얻어서 안식년을 보내기 시작하였다. 우리가 머무는 콘도는 3층인데, 베란다에서 태평양 바다와 만년설이 덮인 미국 시애틀 주변에 위치한 올림픽 국립공원의 설산이 바다 멀리 보일 만큼 환상적인 곳으로 가족들과 함께 안식년을 보내기에는 완벽한 집이었다.

안식년을 보내는 동안 대학에 가는 시간을 제외하고는 가족들과 아침저녁으로 해변을 산책하고 때로는 혼자서 바닷가에 있는 레스토랑에 앉아서 광활한 태평양 바다를 보며 사색하는 시간을 가지곤 했다. 특히, 지나온 삶을 돌이켜 보며 많은 시간을 보내었다. 그리고 집에 돌아와서는 느낀 점들을 아내에게 설명하고 토론하며 유익한 시간을 자주 보냈다. 그 결과 지금까지 살아온 삶이 정리되었고 새로운 지혜들을 깨달을 수 있었다. 이러한 시간을 통하여 도덕적인 삶을 살기 위한 3가지 지혜를 깨닫게 되었다.

첫째, 세상 모든 일은 최선을 다하고 나면 순리대로 살아야 한다. 세상이 자기 원하는 대로 움직여 주지 않는다고 원망하지 말고, 자기 고집대로 살지 말며 세상 이치에 맞추어 기다릴 줄 아는 삶을 살아야 한다. 나는 젊은 시절 노력만 하면 세상을 바꿀 수 있다고 믿었다. 그러나 삶은 노력만으로 사는 것이 아니고 나누면서 사는 것이다. 나눔의 삶에는 세상법칙에 위배되지 않고 순리대로 사는 지혜가 담겨져 있다.

둘째, 탐욕을 버리고 여유 있는 마음을 가지는 자세를 가져야 한다. 욕심을 버리는 일은 매우 어렵게 느껴지지만 의외로 아주 쉬울 수 있다. 캐나다에 있는 동안 미국 CNN 뉴스는 한 부호의 죽음에 대하여 집중적으로 보도하였다. 미국 굴지의 에너지 회사의 회장이 여러 개의 은행에서 거대한 자금을 대출

받고 그 회사 노동자들의 돈까지 빌려 쓰고 난 뒤 돈을 누구도 모르게 감추고는 부도를 내었다. 그는 여섯 가지 죄목으로 재판을 받는 도중 실형을 받기도 전에 갑자기 심장마비로 사망하였다. 미국 전역은 이 돈의 행방에 대하여 연일 보도하였지만 그 돈의 행방은 아무도 알지 못했다. 인간의 탐욕에 대한 하느님의 경종을 그의 죽음으로 다시 한 번 느낄 수 있었다.

셋째, 모든 일은 상대방의 입장에서 이해해야 한다. 이것은 타인의 입장에서 생각할 수 있는 여유가 있어야 하기에 쉽지가 않다. 옛말에 '참을 인(忍)자 세 개를 가슴에 품으면 살인을 면할 수 있다'는 속담이 있듯이, 상대방의 입장에서 생각해 본다면, 참지 못 할 일이 없지 않을까?

돌이켜 보면 내 주위의 많은 분들이 나의 독선과 독설로 인하여 상처를 받았다. 지금부터는 더 이상 후회하지 않는 삶을 살고 사랑이 충만한 가정과 직장이 될 수 있도록 작은 힘이나마 최선을 다하고자 한다.